一直去爱

没有谁值得你等待

愿你永远拥有爱的能力

小 莉 / 著

北京联合出版公司
Beijing United Publishing Co.,Ltd.

　　我输在了爱上一个人，可我也不能接受一个不爱的人，唯一的方法可能就是——找一个我爱的人，然后假装自己没有那么爱他。这听上去很蠢，可你有更好的方法吗？

　　如果我一生纠缠，也许到现在，还是那个守候在他身旁的金丝雀，
为他唱歌，为他起舞，心甘情愿地在并不华美的笼子里作茧自缚。
　　而现在，我像大雁一样自由。

　　青春，就是要跑、要跳、要叫，要骑着单车穿过开满野花的小径，让夏日黄昏的风裹挟着青草和牛粪的气息，把你的长发轻轻吹起。

　　你在深夜里流泪，这是多么痛的领悟：他终于长大了，可身边的人不是我。于是你大呼：爱得深，爱得早，都不如爱的时候刚刚好。

当你可以一个人成就自己所需要的一切，

当你可以把自己的日子过得充实而快乐的时候，

你会有爱情之光，射向天空，

你理想中的爱人会迎光而来。

先有不爱的准备，
才能修炼爱的能力

    小莉请我写序的时候，我刚好看到网上的一条新闻：原配找了一些亲朋好友在马路上堵住小三，剪她的头发和衣服，剪到对方衣不蔽体，长发散落一地，而丈夫闻讯赶来却是用身体护住小三。

    有些人会用因爱生恨来解释这样的事，我觉得是不准确的，这只是因为占有物被侵占而生的情绪和行为。爱要细腻得多，如果爱一个人，不会忍心他面对这样不堪的场面，更不会让这样低级的自己展现在他面前。那个带着亲朋好友去殴打侮辱小三的女人，她已经没有了爱的方向和能力，无论是爱别人还是爱自己。

爱的能力不是一见钟情耳鬓厮磨冲向高潮时才体现，更大的考验出现在被辜负的时刻。小莉的书里有很多这样的案例和思考。

前两天有一个读者问我："大学时，我和男友相爱 4年，他家条件很不好，我父母提出他必须买房买车，否则就要硬逼我离开他。我努力想要说服父母，最终却是徒劳。感觉好无助，我该怎么办？"

这会是很多人的困惑吧？在她们无助的时候其实心里也是没底的。因为看过很多故事，贫贱夫妻百事哀，爱情分分钟败给现实什么的，甚至也无法确信，遇到的是不是一份最好的爱情，值不值得为此得罪全世界。

确实，没有任何一种选择是必定会赢。锦衣玉食更快乐，还是和所爱的人浪迹天涯更幸福？每一种人生选择，都可以找到大把证明选择了它是对的证据，当然也可以有大把证明选择了它是错的证据——这取决于运气、能力和价值观。如果是我，一般来说是爱情至上的，即使爱情并不能经受各种考验，但在它还存在的时候，我不会放手。也许到后来，在父母的逼迫下，互相也开始埋怨，心态发生了变化，彼此的爱也慢慢消磨，但我不会跳过这段人生去押宝，因为押宝只是一种布局，而体验才是人生。更何况，押宝没押对的大有人在。另外，我不想用车和房去打击我的爱情，如果是我，就想保护它。我觉得那也是在保护自己。

小莉的这本书，珍而重之地提出了"爱的能力"，那么多读起来仿佛就发生在昨天，发生在刚才，发生在身边的女人故事，读起来心有戚戚焉。也许当你我面临故事中主人公同样的境地时，最终也保护不了我的爱情，也许这爱情到后来也变得不再美，但你想去保护的心和勇气依然是你生命里最珍贵的东西。

千疮百孔大家都有过的，为什么有的人可以屡败屡战，有的人风霜还没到脸上，就已经大叫着往回跑？看看，那几个著名的花旦，都是泪眼婆娑地过来，风刀霜剑在她们身上削削修修，脱胎换骨风姿更绰约地出现。你可能会说，人家美人坯子啊，集万千宠爱，这里跌倒了打个滚在那里就起来了，到处都是伸手拉她们的人。但他们遭受的反作用力也大啊，你老公出个轨全世界都知道吗？她们是怎么过来的？与其说她们因为美貌而有今天，不如说她们有重生的能力，可以继续爱自己和爱别人的能力。

爱的能力从何而来？归根到底是爱自己吧，不仅是看清自己的处境，让自己有更聪明理智的选择，更是真诚地爱自己的灵魂。爱情是有自尊心的，我喜欢茨威格的《一个陌生女人的来信》：

"我要你一辈子想到我的时候，心里没有忧愁，我宁可独自承担一切后果，也不愿变成你的一个累赘。我希望你想起我来，总是怀着爱情怀着感激。在这点上，我愿意在你结交的所有女人当中，成为独一无二的一个"。

嗯，也许不是最好的一个，我也不是一辈子为你而活，但这种自尊是让我变得更好的基础。我因此拥有了更多爱的能力。这不是犯贱，而是不浪费生活的甜蜜和辛酸，用来打通心灵的关卡了。如此，我们的精神有了更多的出路。

所以，什么妖魔鬼怪都来好了，我们依然会受打击，但永远不会一败涂地。这就是爱的能力，是我们拥有的金钟罩和铁布衫。

鲁瑾

广播主持人

阅读点击逾千万次的《暖男》作者

我写文章
是功利的

全书写完了，序言我迟迟未出。

写了删，删了写，词不达意，不知如何下笔。

紫图的美女编辑在微信上催我：作家唯有叩问灵魂才能写出引人深度共鸣的作品——你自己的灵魂！

我觉得她好毒，一眼看到我的命门。

我的灵魂，是的，其实我一直不愿意碰触。

我通过各种故事和观点与读者沟通，却很少分享自己的内心世界。我并不是害怕暴露自己，而是担心太主观的东西会误导大众。

我把写字看得非常神圣。我不认为这是一件宣泄自己情绪，单纯表达自我的事情。我希望我的文字可以帮助，可以温暖，可以疗愈。

我少年时的偶像是鲁迅先生，我欣赏他致力于用文字疗救人们灵魂的情怀，我甚至曾经一度希望可以穿越时空嫁给他。所以，我始终坚持写对的东西——至少在我当下的认知里是对的东西，是对大家有用的东西。而小莉我，是脆弱的，是有非常大的局限性的。

在今年四月份我们的"小莉说"黄山婚纱大派对上，"资深莉知"（"小莉说"读者雅称）范范举着酒杯，笑看着我对大家说："你们看看，你们看看——就这个娇羞的小模样，你们说那些理性、强势的文章是怎么写出来的？"后来看视频时看到这一段，才发觉当时的我红着脸，捂着嘴，一直跳着脚在笑。我当然不是完全理性，只能说在女人生来感性的本能上，我有了更多的深入和透视——向内看，抵达真实。

没有谁生来就自带盔甲，只是因为有伤，更懂坚强。每一位来到我面前的女人，无须多言，我只需要看着她的眼睛，就能读懂她的内心；每一个我听到的故事，不管表面看起来多么奇葩或者不堪，我都能推知前因后果，窥探到河床下面的暗流。

这是上天赋予我的使命。

直到开始做"小莉说"，我才明白，曾经走过的那些路，曾经流过的那些泪，一切都变得意义重大——当看到那些我帮助过的女性，她们的生活变得更好，她们的生命变得更加辽阔时；当我在公众号的后台收到她们的信息，分享她们的变化时，我感恩所有的过往。因为帮助需要的人，变好、变美、变强大，让所做的一切变得价值连城。

说到写作这些文章，就不得不提到读书。其实，有一段时间我非常憎恶自己小时候那么喜欢看书，一度以为是看了那些书，才把我看得多愁善感，看得想入非非。如果我是一个每天只研究美食和衣服的姑娘，抑或哪怕只是一个所谓物质至上的女孩，都比成为文艺女青年要快乐得多。

直到我开始写作。我记性很差，大多数看过的书都记不住内容了，有些甚至连书名都已经忘记。但我想，那些文字，那些思想的光芒，都已经深入到了我的骨髓。它们渗透进我的心里，与我这些年的经历碰撞、糅合、发酵，最后变成了我笔下一个个灵动的字符，然后，灵光浮现，植入一点儿希望。

这希望，也是我对自己的希望啊。 我希望我是强大的，我希望我是智慧的，我希望我是通透的。我希望我衣袖宽大，自由行走，所到之处，春风拂面。

但我为什么不愿意与大家分享我自己呢？细细叩问，寻找，隐约有了一些眉目：我少年时喜欢的中国作家有两个，一个是鲁迅，一个是三毛。

最初看三毛的文字，看她乐观生活，潇洒人生——在沙漠里，屋顶上砸过来一只羊，都可以哈哈乐着当笑话；洗澡洗一半儿没水了，身上肥皂没冲干净都能写成一篇有趣的文章。

然而，她自杀了。有段时间我觉得她是个骗子。直到过了很多年，我慢慢长大，理解了她。人是复杂的，每一个看似强大的身影背后必然有不许人触及的脆弱，每一个乐天的表象背后有可能是深沉的悲观。我不希望有一天，读者们发现了我小心翼翼掩藏起来的脆弱，然后说："小莉，你是个骗子！"

小莉是谁不重要，你们快乐，才重要！从某个角度来说，我写文章是功利的——目的，就是让大家都快乐！

我几乎从各个方面，想方设法地，让你快乐！我剖析爱情的真相，让你看到某些事物的本质和不可改变，以此让你放下某种执念，而达到快乐。

　　我掀开婚姻的浪漫纱帐，把锅碗瓢盆、油盐酱醋一股脑倒给你，告诉你，这就是生活，它没有那么美妙，也没有那么糟糕，说到底，还是希望你安住平常，享受怏乐。

　　我打开真相的盒子，让那些就算知道真相也不愿意说的，或者活在自己编撰的童话里不愿意醒来的，或者是被蒙在鼓里压根儿不知道的，一一摊开来，清清楚楚呈现在你面前。我想让你明白，太阳底下没有新鲜事儿，没有什么是不可能的，也没有什么是过不去的。

　　这是一个瞬息万变的世界，也是一个价值观异常多元的时代。我们曾经秉持的很多信念、标准、好恶，都在经受考验，甚至有些已经分崩离析。我们曾经追求爱情，觉得它崇高而美好，但今天，聪明人都在逃离爱情。我们曾经赞美奉献，推崇圣母，可今天一个为了孩子过度牺牲的母亲得到的不是赞誉而是更多的不认同。我们曾经认为婚姻必须忠贞不渝，可今天当受了伤的原配站出来骂小三的时候，却会反过来受到指责：你为什么没有和老公共同进步？

　　我真的不知道该如何判断，只知道我们每人心中要有坚守的底线——那是善良、慈悲和宽容。最重要的，我们还要活得快乐。

天崩地裂，我只想你快乐！墙倒屋塌，我只要你快乐！即使世界疯狂颠倒，日夜反转，我也希望你能够找到一个支点，让自己快乐地活下去。

或许有人要问：一个如此执着于让别人快乐的人，她的内心到底快不快乐？这个问题，我一直在思考，但有一点我却很明确。世界上有两种人：一种人，如果他自己缺失什么，他就希望别人也永远不会得到；一种人，如果他自己缺失过什么，他就希望别人可以得到。因为当别人得到了，他可以与之同喜，仿佛也就弥补了曾经的缺憾了。

所以，我正和你们一起走在通往快乐的路上。真的很爱很爱你们，非常真实。

小莉

2016年5月15日于北京
一个阳光明媚的夏日午后

Chapter 1 ————

爱，没有期待
就没有伤害

Contents 目 录

—————— Chapter 2

总是去爱，
像少女一样

Chapter **3** ————

婚姻没那么伟大，
单身没那么可怕

Chapter 4

25 岁，
人生逆袭的开始

Afterword

后记

———

　　我总是试图用冷静的文字，对聆听来的这些故事进行提炼、注解，找到一条让故事主人翁和生活中的我们可以走出困境的路。然而，人生很多时候，并不是非黑即白，没有一无是处的当下，也没有完美无缺的未来。

　　大多数时候，我们在混沌中前行，在爱恨中挣扎，在绝望中寻找希望，在冷漠里遇到温暖。这大概是人们常说的"听过太多大道理，但依然过不好这一生"的症结所在吧。

　　很多事情，说起来容易，做起来难；很多时候，说别人容易，用来要求自己难。因此，这一次我选择了讲故事。我希望，当人们看完这些故事后，能够更好地爱自己，轻装前行。

Chapter 1

爱，
没有期待
就没有伤害

　　发生在别人身上的事，在我们听来就成了故事。不用怀疑它们的真实性，生活远比小说更富有戏剧性。

　　在这一章里，我尝试用第一人称来写姐妹们的伤，姐妹们的痛，还有她们纵然伤痕累累依然纯净如水晶一般的心。可以说，在写的时候，我就是文中的"她"。这样的代入，对心灵是一种莫大的煎熬，但也正因如此，我才能真正感同身受，而不是以上帝的视角，说一些无关痛痒的、正确的废话。

　　不煲鸡汤，也不毒舌，用理性而美好、平和而有力的文字，温暖每一个爱着的人——这是我始终想要做到的。

请不要爱上我，
让我来爱你

我输在了爱上一个人，可我也不能接受一个不爱的人，唯一的方法可能就是——找一个我爱的人，然后假装自己没有那么爱他。这听上去很蠢，可你有更好的方法吗？

　　我坐在这里，一个小时了，没有变换姿势。

　　我打开手机上的锤子便签给你写信息。我不敢在微信上直接编辑，因为怕手一抖会不小心发出去，而将消息撤回只会让我看上去更蠢。

　　昨天分开的时候，你送我上车，我摇下车窗冲你微笑，尽量恰到好处，不露出留恋不舍的神情。其实，我多想你说"我送你回家吧"。

　　你不会知道，为了见你，我用了多少心机。

　　我从两天前就开始想，见面的时候穿什么衣服，做什么发型。我对着镜子化妆，琢磨着应该显得俏皮一点，还是性感一些，我不确定你是喜欢霸道女生还是喜欢小清新。

我把照片发给堂哥和表弟："Hi，大哥，老弟，你们说我什么样子更美？假如我是你的女朋友，你喜欢我打扮成什么样子？"

女闺密说男人的眼睛很毒，就算你套个麻袋在身上，他们也能看出你的罩杯；男闺密说你约会的男人多大啊，年纪越大越往下看，像我这个年龄，我主要看腿。

我不想穿得太曝露，显得我很着急；我也不想穿得太端庄，好像是去参加一个会议。少女装委屈了我的气质，太过 Lady 又担心没了生气。

家里的阿姨站在我身后一个劲点赞，这个也说好，那个也说美。我把衣服铺满了沙发和床，穿着内衣走来走去。

最后，在约会时间临近的一刻，才最终选定一套，出门。

不止衣服，鞋子也让我颇费了一番心思。不能穿平底鞋，那样我的衣服、妆容、饰品全部要换。但见你，我也不能穿恨天高，万一那天天气很好，万一那天风景很美，你说我们一起走走呢。

　　我最后敲定一双9厘米的，我可以走，但不会走得太快，也没法走得太久。大步流星，还是留着以后我们更加熟悉了，穿着小白鞋去爬山的时候吧。

　　就这样坐到了你的对面。我用手捋了捋头发："不好意思，来晚了，刚办完事有些匆忙。"我尽量显得漫不经心，好像只是路过这里，好像你只是我今天要见的三拨人里的某一拨。

　　你的眼睛很好看，但我尽量去看窗外的云。

　　她们说，永远不要让一个人知道你有多爱他，如果你真的想要得到他。她们说，两情相悦只是刹那美好，很快就会陷入此消彼长的失衡状态。而我，不希望自己是被动的那一方。

　　我知道，她们是对的。

　　我曾经像一只喜鹊一样，环绕着喜欢的男人，为他唱歌，为他起舞，向全世界欢鸣，说我爱他。我陶醉于自己的喜悦，我放纵着自己的热情，却忘记了人性的本质。

　　分手的时候，他告诉我："我还是喜欢第一次见你的样子。那时候，你还没有爱上我。你在春日午后，穿着针织上衣，握着一杯咖啡，笑盈盈地看着我的眼睛，坦坦荡荡，无拘无束，每一个细胞散发的都是你自己的气息。我喜欢你自由行走，心无旁骛；我喜欢你我行我素，唯我独尊；我喜欢你自恋的样子；我喜欢你骄傲的样子；我喜欢你喜欢自己，胜过一切。所以，请不要爱上我，让我来爱你。"

我输在了爱上一个人，可我也不能接受一个不爱的人，唯一的方法可能就是——找一个我爱的人，然后假装自己没有那么爱他。这听上去很蠢，可你有更好的方法吗？

我像克制食欲一样，克制对你的欲望。

如果我放纵，说明我不够爱。

我知道，目标就在那里。我要选择一条可以到达的路，哪怕充满荆棘险滩，哪怕我一路跋涉，必将鲜血淋漓，甚至搭上半条性命。但我总是在为目标努力。

我不要走那条让我舒服的路。看上去畅快美好，但其实南辕北辙，让你迅速离去，就像曾经的那个人。

有人说，我这样理性克制，是因为爱得不够。

你可知我是如何把发给你的信息一个字一个字地敲上，又一个字一个字地删掉！你可知我在多少个难眠的夜里翻遍你的朋友圈，但不给你留一个字、点一个赞！你可知我注册了一个小号，换上了你的头像，取了你的名字，对着他说了无数条语音！你可知在我想你想到发疯的时候，会用一瓶酒把自己灌醉，好让自己没有机会在最后一刻崩溃！你可知在酒劲消退的半夜醒来，我又是怎样盼着天明，我要让阳光消融一切妄念，让我忘记昨日的梦。

喜欢，就会放肆；而爱，是克制。

克制是对自己的尊重，也是对他人的慈悲。肆意泛滥的情绪会破坏很多美好。剥夺他，爱你的权利。随心所欲，永远无法成为自己喜欢的样子。

真正的自由，都是高度自律的结果。

我知道，所有那些，我忍不住吃下去的食物，在刹那满足之后，都会变成肥腻的脂肪，让我长久难受。

所有那些，我忍不住发出去的信息，在一刻畅快之后，都会变成讽刺的字符，让我终身蒙羞。

这一次，我决定和自己死磕到底，为了一个春日之后还有另一个，为了一季花开之后还有另一季，为了若干年后，你想起我，还是一个优雅的回忆。

活在豪华废墟中的
贤妻良母

我不要这看似完整的家庭。我不要再做别人眼里幸福的女
人。我不要做妈妈口中的乖女儿。我也不想再为任何人光
宗耀祖，我只想为自己活一回！

　　我听见了脚步声，收拾包的声音，然后是开门的声音，最后，门砰的一声关上了。夜，死一般的沉寂。

　　我没有起身，也没有开灯，把头埋在被子里，无声地痛哭。我不想惊醒隔壁的孩子——那个六岁的女孩儿，只有六岁，我不能让她知道，一个女人会在半夜里，这样地哭。

　　我也不能吵醒保姆，那是一个善良的女人，可是接受他人的同情和安慰，只会让我感到耻辱。

　　哭够了，我起身拉开了窗帘。

今夜月光温柔。

我想起半年前，也是在这样一个温柔的月夜，我发了疯一般地质问、厮打、哭闹，我终于找到了长达两年夫妻关系每况愈下的原因。我的先生，和他的下属，好上了。

我就像是个傻瓜！

我想起每次去公司的时候，大家恭敬礼貌的笑容背后那份难以言喻的别扭，善良者眼底的同情，不善者嘴角的嘲笑，嫉妒者心头的得意，我居然通通没有察觉。

我想起他的情人，娇笑盈盈，挽着我的胳膊甜腻地叫我姐姐。这到底是亲密，试探，还是挑衅？

我想起每次陪他参加宴会，朋友同事交口称赞，说他娶了一个好太太，聪明贤惠不多事，让他可以全心地打理公司。现在想来，这话里话外，又有多少暗示或讥讽？

我，居然，把自己，活成了一个笑话！

我也是名校毕业，也曾在职场挥斥方遒，也曾着一袭白衣引一众男生回头，也曾在婚内拒绝了包括曾经男神的暧昧请求。

而今天，我站在这里，俨如弃妇！

就在刚刚，我的先生，三更半夜接到了情人的电话，就这样夺门而出。

自从半年前那一闹，我们就分居了。

我记得那天，我们坐在花园的长椅上。我试着找回一点理性，克制着，用颤抖的声音说："我再给你一次机会，你回来吧！"

我清楚地记得他鼻子一哼，发出不屑的笑声：

"别扯了！不是你给不给我机会的问题，是我根本不需要你给我机会！还没有人有资格说给我机会！

"不过你放心，我不会和你离婚的，毕竟你和我一起过过苦日子，女儿也需要妈妈。

"从今天开始，我们分开睡吧，每月生活费我会像往常一样打到你卡上。

"对了，你不要去找王梅，公司要上市，她对我非常重要。真要闹出事来，影响了公司，你下半辈子也得喝西北风。"

那天夜里，我没有回家，我坐在花园的凳子上，看着天上的月亮，躲进云里去，又从云里出来。

我想了很多很多，想起我们曾经的甜蜜美好，想起结婚时的承诺，想起女儿出生时的满足，还想起我一点一滴亲手建设起来的这个家。从选房，到装修，我都像个汉子一样独自揽下，挺着六七个月的肚子到建材市场去选装修材料。我是多么精心地设计着这个家的每一个房间，每一个角落。

还记得我站在毛坯房里面，对设计师说："这间朝南的房子，要留给我老公做书房，他喜欢看书。这条走廊要放一个小沙发和茶几，这里的窗子正对着窗外的玉兰花，他可以在这里喝茶赏花。这间，放一个大桌子，我老公可以在这里教我们家孩子写毛笔字。"

我想起自己一个人带女儿去公园，去亲子游泳，去博物馆，去科技馆，小区里的邻居和幼儿园的老师，没有一个人见过孩子的爸爸。我微笑着说，他太忙啦。

是的，他忙着工作，也忙着约会吧。

我不知道人为什么可以这样无情，但我知道，这是我必须面对的。

自从女儿出生，我已经五年没有出去工作了；我也按照先生的意思，几乎断绝了和所有朋友的联系。我的社交圈子，就是女儿学校的家长，小区里的邻居妈妈们。

我最好的闺密，在结婚的时候向我发出了邀请，只有那一次，我试图违背丈夫的意愿，坚持要去！可他说：

"你是不是去见你的初恋男友？"就这一句，让我又放下了手中的行李。

没人可以诉说，我独自思考了一夜。第二天打电话给我的妈妈："妈，我要离婚了，可能过两天搬回家去住。"

我妈这辈子从来没有像那天那样喜欢过我老公，她搜罗出他所有的优点说服我不要离婚。然后又打我女儿的牌，单亲家庭的孩子心理容易出问题，现在找对象对方都要看父母婚姻状况等等。说到最后，我都是一句话："我要离婚！"

我妈急了，在电话那头，带着哭腔说："你离婚了，让我的脸往哪儿搁！从小你就学习好，人也乖，大学考得好，工作找得好，老公现在又能干又有钱，街坊邻居哪个不羡慕我？你现在说你离婚了，让人家怎么笑话我？！"

听到这里，我"哦"了一声，挂断了电话。两行泪夺眶而出。

我打开电脑起草了一份离婚协议，然后打电话给房屋经纪说："西城那套小房子给我收回来吧，我要自己用了。"

晚上我来到女儿房间："今天晚上妈妈陪你睡好吗？"

女儿甜甜地把头靠在我怀里："妈妈你咪咪好大，我小时候就是吃这个长大的吗？哈哈！"

"你真是个疯丫头。"我笑着拍了拍她的屁股。

"妈妈，你知道吗，我到现在还记得小时候吃奶的味道，真的，淡淡的甜味。奶水有时候会呛到我，可我还是舍不得松口，哈哈，我太贪吃了妈妈。长大不会变成胖妞吧？！"

"不会的，你会长成最美丽的公主。会有王子骑着白马来爱你。"

"就像你和爸爸这样吗？"

我强忍着泪，从嗓子眼里挤出一声"嗯"。

心中，已泪如雨下。

女儿摸着我的手说："妈妈你今天陪我睡我好开心啊，我好想念以前和你们一起睡的时候。每天早上起来，往左边看看，看见了爸爸；又往右边看看，看见了妈妈。我觉得我是世界上最幸福的人。"

我再也忍不住哭出了声，女儿你可知道，这话你说了无数回。所以在你小时候那段时光里，无论我早上几点起，安排了什么事情，还是去做运动，我都会在你快醒的时候躺在你身边，希望你能够保有这样的幸福。

　　而今天，我却要对你说，再也不会有这样的时候了，因为我和你的爸爸要离婚了。你将被判给我们中的一方。由于我没有工作和固定收入，很有可能你会被判给爸爸。而我，可能不能再陪伴你以后的人生，不能把你亲手交到王子的手中。

　　我在情绪完全失控之前离开了女儿的房间，躲在自己屋里，又一次在被子里无声痛哭。

　　就这样，那封离婚协议被我放进了抽屉里。

　　半年里，我像行尸走肉一般地活着，像空气一样地被无视，像幽灵一般地游荡。有时候，我不知道自己到底是死了，还是活着。我照着镜子，叫自己的名字。我看着镜子里那个女人目光呆滞，面容枯槁；我看见她张了张嘴，却连一声"哦"都说不出来。

　　我已经不再带女儿去公园、动物园、植物园了，有几次出去，都是保姆带着孩子到处看，我走在她们身后，心事重重，不是走丢了自己，就是踩到了水坑。我反倒成了她们的负担。

　　我也没法和她一起共读了，因为心烦意乱到读不完一页书。

我觉得我可能需要吃药了。

此刻，我再一次站在这月亮底下，看到自己终于瘦到了理想的体重——不，是更瘦。我的膝盖已经脱了形，骨头的形状清晰可见，医学院的学生可以直接把我当骨骼模型来上课了。

我前额的头发已经掉光，左面、右面、后面，也有一片一片的秃。

我还要这样活下去吗？是的，我的孩子需要一个完整的家。但她首先需要一个活着的妈妈。

如果我死了，或者我活成了一个活死人。这样的生活，对我的女儿就好吗？

我不要继续，活在这豪华的废墟中。我不要这看似完整的家庭。我不要再做别人眼里幸福的女人。我不要做妈妈口中的乖女儿。我也不想再为任何人光宗耀祖，我只想为自己活一回！我会为过去痛哭，但那是送葬的泪水，过去的我已经死了，而明天，是一个新生的我。我要重新活一回，这个我，没有原生的伤，没有过去的痛，她宛如新生，像个孩童。

谢谢你
当年不睡之恩

"我就是要让你知道，脱光了我都不会睡你。睡你，是一件很简单的事情，不睡才难。我就要让你看到我的决心，我就是要让你死心。"

你是我的情人／像玫瑰花一样的女人／用你那火火的嘴唇／让我在午夜里无尽地销魂／你是我的爱人／像百合花一样的清纯／用你那淡淡的体温／抚平我心中那多情的伤痕……

多年以后，回到这片海，我准会想起这首歌和那个大雨滂沱的夜晚。当时这里还没有填海，海澜湾酒店就在海的边上，从这个酒店22楼最东边的那间客房的窗户往外看，一望无际的大海，在清晨的阳光下泛着清冷的光波；海风吹着海浪，一片一片地冲上礁石，又被击退回去。它们一遍一遍，不厌其烦。

我在这里，和你，度过了终生难忘的夜晚。

今天，当我重新回到这里，我真的很想知道，你在哪里，过得好吗？

那一年，满大街都放着刀郎的歌，我 22 岁，脸还很圆，婴儿肥没有褪去；我的眼睛很亮，看什么都很清纯。我想那或许不一定是我此生最美丽的样子，但一定是这辈子最可爱的样子。

还记得我去公司报到那天，拿着行李站在前台，对着前台漂亮的小姑娘说，我要去市场部，帮我联系一下部门的谁谁谁。前台对我说："要不你等一等，现在大家都在午休，这会儿打电话会打扰大家。你等吗？"

我要感谢自己的高情商，我说，当然，不能打扰别人。我也痛恨自己的高情商，因为这样，让我遇到了你。

我百无聊赖地坐在大厅的沙发上，忽然前台的女孩走过来对我说："你是依梦吗？这是你们部门的史航，刚好他下来吃饭，你跟着他好了。"

我第一次接触学校以外的男人，他穿着白衬衫，头发理得很干净，身上散发着淡淡的香水味道，指甲修剪得恰到好处，既不长，也不秃，重点是他很帅，非常帅。我不太会用语言形容男人的帅，我不太喜欢圆眼睛的男人，他的眼睛大、亮，但不是圆的。

史航带我去吃饭，吃饭的时候，给我介绍了公司的一些情况和部门的情况，告诉我下午见到部门经理该说什么，不该说什么。他说理论上你有三个月试用期，但其实你不用担心，你能被录用说明你很优秀，不出大错，都会转正的。

他说话的时候一直看着我的眼睛，非常认真。很多时候，我都想回避他的眼神，因为他的眼睛太好看，一直这样被他盯着，我其实根本就没有听进去他说了些什么。

就这样，史航是我在深圳见到的第一个人。他并不是时下流行的那种暖男，事实上在第一次见面对我加以关照以后，他并没有表现得特别热情，我们的工作也并无太多交集。但他总在我懵懵懂懂搞不清楚状况的时候，像第一次见面时那样，看着我的眼睛，对我说上几句。

比如部门聚餐，像我这种有社交恐惧症的能躲就躲了。有天他对我说："依梦你今晚不去吃饭吗？"我说："嗯，啊，我不想去。"他说："一起去吧，今天是欢迎新同事，你来的时候，大家也一起欢迎你了对吗？"我还在犹豫，他说："下班你跟我的车吧。"在车上，他对我说："下班之后的同事聚会、聚餐、团建活动，和上班一样重要。"我坐在副驾驶上，看着他英俊的右脸，心里无比甜蜜。

深圳经常下暴雨，而我又总是加班。如果遇到加班的晚上，又下起了暴雨，公交站是走不到的，暴雨天你无法穿过高架桥去等车。打车也是没有的，那时候还没有可以叫车的手机软件。一直埋头于各种表格的我还没有顾得上想一会儿怎么办的时候，MSN 上他的头像就会亮起来："还在加班吗？等一会儿我去接你。"

所以我经常坐他的车，他的车上总是在放刀郎的歌，放得最多的就是这首《情人》。

我不知道女孩子该怎么样抗拒这样一个男人的魅力，外表英俊，身材健美——他没有其他嗜好，下了班之后的所有时间几乎都泡在了健身房里——举止优雅，工作努力。而且，他的身上还笼罩着一种神秘和忧郁的气质。

我几乎很少看到他笑，总是酷酷的样子，偶尔在某个时候忽然对着我温柔一笑，会有杀人一般的魔力。

直到今天，我都不会为自己的脆弱感到羞愧。

听过很多大道理，但依然还是会不管不顾地爱上一个人。

我开始以感谢的名义约史航吃饭，他会赴约，大多数时候，也都是他买单；我说我要和你一起健身，他也带我去了他运动的健身房；有时候我们还会开车去红树林森林公园，把车停在路边，去海边的木栈道散步。

可我们连真正的牵手都没有过。我知道一个女生不能主动表白，我也搞不清楚他到底是不是喜欢我。我有一点着急，但还是告诉自己要保持矜持。

直到有一天，我爬上了红树林的一棵树。我爬到树梢上对着对面的香港大喊大叫，开心得像个孩子。史航在树下微笑着看着我："我看你一会儿怎么下来。"

我才发现这树其实挺高的，往上爬的时候，靠着各种凸起和分杈做支撑，但要下来，就没那么容易了。

"那我就不下来了，有本事你走好了。"

他当然没有走，他把我从树上抱了下来。

当我第一次贴上他宽阔紧实的胸膛，我觉得我的呼吸快要停止了。一种眩晕的感觉迅速击中我，我的身体从大腿往下失去了力气。我双臂环绕着他的脖子，身体完全依靠在了他的身上。

　　我不知道发生了什么，也不知道史航在想什么，他居然抱着我转了几个圈，我想在那一刹那，他可能也懵了。

　　然后，他放下了我，在我双脚落地的那一刹那，我们同时再一次紧紧拥抱在一起。这一次，我们没有转圈，也没有躲闪。热吻，像人们通常想象的那样。

　　我们吻了很久，好多次分开，又再一次拥抱。

　　这是长久以来的亏欠，说不上是谁欠谁的，也许，我们都欠爱情的。

　　那天晚上的红树林，杳无人烟，清风拂面。我听到不远处海浪的低鸣，我闭上眼睛，就好像我们两个人漂浮在海上。我希望我们一直这样拥抱，亲吻；我希望海水将我们带向前方，一直往前，一直往前，离开大地，离开人烟，到那永恒的地方去。

　　我不知道下面会发生什么，但是史航的手始终放在我的腰上，没有动过。我难以自持地开始亲吻他的耳朵，他却一把推开了我。

　　如果这样的事情没有发生在我自己的身上，如果这是别人讲给我的，我一定会觉得接下来的场景，是她从某个电视剧里看来的。

史航推开我，走向旁边公园灌溉用的水龙头，打开水，一遍一遍地洗脸。几分钟之后，他走到我身边，头也不抬地对我说："走，我送你回家。"

我说我不要回家，我要和你在一起。

"别任性了，明天早上还要上班呢。"

我说："你不喜欢我吗？"

他没有说话。

没有说喜欢，也没有说不喜欢。

我们来到海边的长椅上坐下。史航恢复了他往日的认真和沉静。

"喜欢一个人，不一定要得到她，保持这种美好的感觉，其实更好。我不希望我们俩今天之后，再也不见面了。我不希望我们俩有一天走到一个很不优雅的局面。我不想破坏我们现在这种感觉。"

在我听来，这就是一个绅士的谎言。我完全理解不了，为什么你亲我抱我，明天就一定不见面了，也不知道什么叫作不优雅的局面。

我作为女人的骄傲碎了一地。此时的海风，已经变得苦涩，和着我的泪，还有海水的腥味，五味杂陈。

"你既然不喜欢我，为什么不直说？你觉得我没有办公室那些姐姐成熟有味道，还是因为我表现得有些主动就显得轻浮可笑？"

这是一个善良的男人，他终究不希望一个女孩子，因为男人的拒绝，而丧失了对自己的信心。

"不，你很好，但是，我已经结婚了。"

深圳是一个特别复杂的地方，深圳也是一个特别简单的地方。所有的人，都从全国不同的地方来，谁也不知道他们在家乡姓甚名谁，谁也不过问别人的前尘往事、家长里短。所以，面对一个人，他到底结婚没结婚，到底有没有孩子，这样的事情，的确很多时候是不得而知的。

然而，我并不相信，我也不想相信。我觉得这是史航拒绝我的一个善意的或者说是伪善的谎言。

"你干吗这样假惺惺的，我有那么糟糕吗，至于那么差劲吗，需要别人用这种谎话来骗我？难道你说不喜欢我，我就会去跳海吗？"

史航打开了手机相册，我看到了他的太太，怀里还有一个漂亮的女儿，看上去一两岁的模样。

原来他真的结婚了，在老家。

我没有再说话，脑袋里一片空白。连哭的欲望都没有了。我不知道自己是什么样的心情。悲伤，绝望，还是愤怒？

史航送我回了家，回家的路上，他的车里反反复复放着的还是那首《情人》。

到了我家楼下，史航停下车，没有熄火，他看着前方对我说："回家吧，晚安。"

我坐在那里，不知道要下车，还是继续留在车上。我艰难地做着决定，仿佛我现在要做的，不是一个下车的动作，而是牵扯到我的命运的抉择。

终于，我低着头，含着泪，小声地说："史航，让我做你的情人吧。"

他没有听清我的话，带着安抚的语气说："好的，快回家吧，明天还要早起上班呢。"

这一次，我提高了声音，拽着他的胳膊，望着他的眼睛，大声地说："那从今天起，就做你的情人了是吗？"

他像被雷击中了似的："你胡说八道什么？赶快回家吧！"

史航走下车，为我打开车门，连哄带骗把我拉下车，送到单元门外。在我还没来得及再一次耍赖之前，迅速开车离开了。

一个艰难的夜晚。但我决定像个战士一样去迎接我的爱情。

在此之前，我像所有的女人一样痛骂第三者，然而今天，我却想着要去做一个第三者。

可是，史航却不再理我了。

他不再和我讲一句话，也不再回我发给他的信息，甚至不再从我的办公室门前经过。有时候我假装去他的办公室找同事说话，他就会从座位上离开。

我像一条孤船，被扔进了海里。极目远望，悲伤像海水一样将我淹没，我无力反抗，也无法挣脱。然而我并没有完全绝望。

他从来没说过不喜欢我，他从来没有真正拒绝我！他是爱我的，只是他不敢，不能。或许我还可以再等待。

我在这痛苦的汪洋大海中，抓着这最后一根希望的稻草艰难度日。这希望让我苟延残喘，也叫我欲罢不能。

那天，我又像平日一样加班到深夜十一点。忽然电闪雷鸣，夏日的深圳多的是这样的天气。只是今天晚上，雨格外大，雷声像炸开了般敲击着玻璃窗。

MSN 上的那个头像，会为我闪亮吗？

不，他不会亮了，他也的确没有亮。时间已经过了十二点，我感到一阵凉意袭来，还有恐惧。毕竟这是一个几十层高的写字楼，又是一个电闪雷鸣的晚上，我一个人在这空荡荡的大楼里，忽然有一些害怕。

就在我对着窗外的雨发呆的时候，那个熟悉的声音响起来：

"走吧，送你回家，还有心情欣赏雨呢？"

我无数次想象他再见我，会用什么样的口气，说什么样的话。是语意深沉，还是带着尴尬？然而现在他却像个没事人似的，带着第一次见我时候的帅气笑容，半带调侃地说要送我回家。

我按捺住心中的喜悦，告诉自己：不是说过吗，不要绝望，你看希望来了。

然而，我错了。

他真的只是想送我回家。

而这一次，我不会再那么容易糊弄了。

车外，瓢泼大雨，雨刷飞快地来回拨动。音箱里，刀郎一遍一遍地唱着《冲动的惩罚》。我们谁也不说话。十分钟过去了，半小时过去了，一个小时过去了。

我可以耗，我可以等，多久都行。

我是不会下车的，这一次，你再也不能把我丢下。

我终于还是辜负了史航的好意。

他也终于明白我是一个什么样的姑娘。也许他决定让我彻底死了这条心，也许他耗尽了耐心，史航终于开口说话了：

"依梦，是这样，我觉得你需要好好想一下你的人生。我们不会有任何结果的，这样做对你是一种伤害你知道吗？我也不想把我的生活搞得太复杂。我现在生活得很简单很轻松，除了工作以外，我所有精力都用来健身了，其他什么事情，我都不想。"

"史航，你想多了，我没想要什么结果，结婚是一件很无聊的事情，我只想做你的情人。这样我不用负妻子的责任，不用给你生孩子，也不用给你做饭伺候你，我只想和你享受激情。也许有一天，我会比你先厌倦这段关系。"这是我早已准备好的说辞。我仔细想过，这恐怕是一个情人最好的操守了。

他有些震惊地看着我："依梦，你疯了吗？你才多大，你才来深圳几天，你怎么这样一副玩世不恭的样子？你是信佛的人，你就不怕因果报应吗？"

也不知道是因为这些话刺激了我，还是为了打破这僵局，我拉开车门，冲向了雨中。我没有回家，而是往相反的方向跑去。

我不知道我想去哪儿，也不知道我要做什么，这是一个无解的局，也许只有一直跑，一直跑，才觉得或许没有终点，才觉得或许没有结束。如果是这样，我愿意一直奔跑，在这雨中。

我小小地赢了一局，史航将我带上了车，不再逼我回家，而是带我去了附近的海澜湾酒店。

他为我脱掉淋湿的衣服，帮我洗干净头发，用热水温暖我冰冷的身体，我的眼泪顺着淋浴一直往下流。我想起《红楼梦》里，林黛玉欠了贾宝玉一世的灵河之水，就用一生的泪水偿还他。

我们做了所有男女之间会做的温存的事情，但是他最终没有睡我。

我哭着对他说："脱光了你都不睡我，你到底是为什么？"

"我就是要让你知道，脱光了我都不会睡你。睡你，是一件很简单的事情，不睡才难。我就要让你看到我的决心，我就是要让你死心。"

我一边哭，一边笑："好吧，你赢了，你牛叉，你高尚，你是君子，我给你戴上勋章！"

外面的雨，下了一夜。

也许史航是对的。当我看到了他的决绝，我也平静了。我躺在他宽阔结实的胸膛上，听着他的心跳，滚烫的泪，流在他的身上。

我一秒一秒地过着，小心翼翼，恋恋不舍。我多么希望，时间停留在这一刻。而天还是亮了。

史航拿过我晾干的衣服说，你自己穿吧，穿好衣服出去打个车，我不送你去公司了。他甚至都没有看我的眼睛。

"能再抱抱我吗？"

"不行！"他回答得坚决而迅速。生怕一秒不慎，全盘皆输，枉费了他一晚上的用心。

事已至此，我觉得我也不能再辜负他。一个男人，做到这一步，我不能再逼他了。

或许就像他说的，在这个时代，睡一个人很容易，不睡，才难。

如今，我已经是一个妻子，一个母亲。

当前尘往事已成云烟，我要谢谢这个男人。

谢谢他当年的不睡之恩。

他让我明白，男女之间的爱，除了炽热，还有克制；除了得到，还有祝福。

他让我终究可以坦然面对自己的人生；他让我在回首往事的时候，有心痛，有遗憾，但没有羞愧和耻辱；他让我看到人性的美好；他让我始终知道，我是一个值得认真对待的好姑娘。

任性说"我爱你，和你无关"的女孩

"刘新洋，我爱你，我知道你不喜欢我，不过我也只是告诉你一声，没什么别的意思。我爱你是我的事，和你没啥关系，我会努力不爱你的，我需要一点时间。就是这样！"

宿舍已经熄灯了，楼管阿姨打着手电筒又查了一遍房："哎哟，姑娘们，你们都回来了吗？你们都好好的。防火防盗防520！什么214啊，520啊，七夕啊，坏男孩一波一波地楼下等着你们哪，你们可要注意啦，乖乖回来睡觉，不许乱跑。小时候你们不懂，做错了事情，后悔就来不及了。"

我们躲在被子里吃吃地笑。庭婷忍不住了："哎，你们说楼管阿姨结婚没有，一副老处女的既视感。"

"是啊是啊，我觉得也是，为什么她每次看到男孩子在楼门口，总是一副苦大仇深的样子。"

"这你们就不懂了。世上没有李莫愁，越是看上去极端无情冷酷，不合情理的人，越是内心敏感，有着极其脆弱的情感和不堪回首的往事。"小雪发挥了作家的想象力，开始编段子。

"对啊对啊，你们注意门房那大爷了没有，每次路过咱们楼，都要进来聊两句。这男生免进啊，凭什么他能进来？他是大爷，但他也是男的啊！"玲华也来劲了。这样一路八卦，觉是没法儿睡了。

"太 Low 了好吗！什么门房大爷，我的梦中情人，他是一个盖世英雄，有一天，他会脚踩七色祥云来娶我。你看楼管阿姨身材婀娜，五官姣好，年轻时候也是美人坯子。我觉得她的情人说不定是咱们学校的校领导，就那个，气宇轩昂、很帅的那个副校长。阿姨为了他，放弃了国企铁饭碗，来咱们学校当楼管，只为了每周开大会的时候，可以在台下看见他。要不然她天天女生宿舍待着，打扮那么漂亮干吗？"

这些疯丫头，我一句话没说，心乱如麻！

马上要毕业了，我已经签了南方一家公司，七月就去报到了。我不知道以后还会不会回到这座北方的城市。

我怕冷，怕脏，义无反顾去了南方。但我却对这座城市，也有着放不下。

人们常说，因为一个人，爱上一座城。如果我对这个城市，还有什么眷恋的话，所有的一切，只是因为他。

我忽然一屁股坐起来："哎，你们说，今天表白的话，会被人笑话吗？"

宿舍里刚才还叽叽喳喳的，一下子静了，好像我给一锅噗噗往外冒着汽儿的开水猛地盖上了锅盖。

几秒钟之后，锅盖被掀开，一片哗然！

"哇哇，小瑶，你要向谁表白？"

"是何军吗，是他吧？我就看你看他的眼神不对劲啊！"

"必须表白啊，快去，管他谁笑话不笑话，我们陪你去！"

一屋子看热闹不嫌事大的姑娘。哎哟，我睡觉了。我用被子捂着头不说话了。感觉自己好像已经表白过了。睡觉睡觉。

我消停了，她们没有。

没人愿意放过我！有人打开了手电筒，有人点亮了应急灯。一起来逼供！

"……呃，那个，其实，我和 12 班的刘新洋，已经约会过几次了。"

"啊？"

如果说刚才只是锅盖被掀开，热气扑面而来，现在，则是一块大石头砸到了锅里，瞬间爆裂了。

"小瑶，你太过分了，当不当我们是闺密，瞒我们这么久！"

"小瑶，你真牛，那刘新洋，系里一半女生喜欢他，据说每天都会收到不同年级女生送去的情书，快说说你怎么搞定他的？"

"你发烧了吧，你意淫的吧？刘甜甜那校花儿找他一起上自习都碰了一鼻子灰，你凭什么呀？你是天使面孔啊，还是魔鬼身材啊，还是一肚子才华 Hold 不住往外流啊？"

大家生气是自然的，宿舍里七个人，六个都谈恋爱了，有的还不止一回。这四年里，大家总是会催我，你倒是谈个恋爱啊，大学不谈恋爱，不是白上了嘛。

我始终没有说话。

我不会告诉她们，当你见过了一个男生，其他男人，在你心里，便没有了性别。

但那男孩儿太遥远，英俊、高大、学霸、篮球队长，这种人其实和明星没有区别。我始终觉得，那些追星的粉丝，追着追着，其实就成了爱情；而那些生活中不在你世界里的男人，你爱着爱着，其实也和追星差不多。

他很好，很美，很优秀，但是，和你没有关系。

所以，看看就好。

你不会因为偶像不爱你而伤心欲绝，或者终身不嫁啊！因为你知道，那不是你能期望的，所以，也不会有失望和痛苦。但如果有一天，你的偶像站在你面前，说他喜欢你，要娶你，你会拒绝吗？

所以，对于我和刘新洋约会这事儿，我始终没有觉得是一件特别好的事。

在我俩约会之前，我每天生活得很快乐充实，学习累了就去操场上看他打球。我就坐在那儿看着他，我会找一个人多隐蔽的位置，偶尔左顾右盼，没有人知道我在看什么。如果他不在操场，准在图书馆二楼靠窗的位子看书。我会去那里找他，有位子就坐在那里看会儿书，没位子就在门口溜达两圈儿。

这感觉就像课间做了个眼保健操一样舒爽。

可有一天，当我们因为某种原因认识了，说了几句话，然后约着一起去逛了回书店，去隔壁学校看了次演出以后，我的世界开始变得混乱。

我每天都想见到他，每天都在等他给我打电话。

当然我是等不到的。如果我约他，他有时间的时候，也会赴约。见面的时候也非常开心。他说我是一个特别的女孩儿，和我在一起让他觉得很放松，很开心。

我想他是不喜欢我的。和喜欢的女生在一起，应该是有点紧张的吧？喜欢一个人会主动找她的吧？我是什么呢，朋友吧，一个谈得来的朋友，或者一个备胎，或者什么都不是啊，我完全想多了。

谢天谢地，我是学理科的女生，我的脑子没有坏掉，就算喜欢一个人让我意乱情迷，我还不至于要得失心疯。

我也当然不会把这事情告诉我的室友。告诉她们，我是一个备胎吗？一个可有可无，招之即来挥之即去的聊天伴侣吗？

更重要的，我讨厌这种感觉。

我讨厌自己为了一个男人就忘记了自己姓甚名谁，我讨厌我被自己的情绪控制，我讨厌不能安心看书、安心做事，我讨厌我每天等电话，我讨厌我自己想要见到他，我讨厌我不再像以前那样简单快乐，我讨厌这一切。

　　我不喜欢的东西，我就一定要拿掉他，就像拿掉我身上多余的肥肉一样！

　　所以到现在，我已经有一个月没有再找他了，但你看，他也没有找我。

　　说完了，我觉得有些无地自容。

　　女人之间的友谊啊，当你骄傲强大，她们会爱你，也有人会嫉妒你，但当你脆弱无助，还是这些人，她们会拥抱你、保护你、安慰你。这就是女人。

　　刚才还对我私下约了刘新洋愤恨不平的姑娘们，现在一下子全为我义愤填膺起来。

　　"这王八蛋，太自以为是了，他以为他是男神啊？我觉得他个子虽然高，其实有点驼背呢！"

　　"小瑶，算了吧，没必要为一个不喜欢你的人浪费时间。"

　　"你马上去深圳啦，大把的高富帅等着你哪，他还在这儿苦×上研呢。一年后不知道你坐上了谁的奔驰，哪里还能看得上他？"

　　"太难受了，就跑去告诉他，你喜欢他，看他怎么说？喜欢就在一起，不喜欢就拉倒！"

　　说别人容易，放自己身上难。

什么忘了吧，放下吧，这一秒表白，下一秒放下，这些我不是没想过。但人又不是机器，感情又不是水龙头，说开就开，说关就关。

不过，今天晚上，也许终于说出来的放松感让我上瘾，我竟然想要就这样跑过去告诉他。

我说："你们别说了，我现在就去找他。"

我穿上衣服，往外走，下铺的玲华抓住我："我也去。"

"你干吗？怕我伤心欲绝哭倒在地，要背我回来吗？"

"不是……我也喜欢他。"

好吧，两个疯子。

我们俩姑娘，深更半夜，穿着最漂亮的裙子，骗过女生宿舍的楼管阿姨跑出门，站在男生宿舍楼下，拨通了刘新洋宿舍的电话。

他被整蒙了，稀里糊涂地从宿舍楼走了出来。我们俩见到他的时候，居然哈哈大笑了起来。

刘新洋看着笑得花枝乱颤的俩姑娘，一脸懵懂。

"刘新洋，我爱你，我知道你不喜欢我，不过我也只是告诉你一声，没什么别的意思。我爱你是我的事，和你没啥关系，我会努力不爱你的，我需要一点时间。就是这样！"

我说完了，用胳膊碰了碰玲华，"喂，该你了。"

玲华被我的阵势吓到了，吞吞吐吐："嗯，是，我也……是，爱你，不过，我没什么说的了，就和小瑶说的一样吧。"

说完，她拉着我的手就往回走，手心里全是汗。

我们俩一边走一边说："天，人丢大了，但愿没人看到。刘新洋肯定笑死了，得意死了。"

"哎，你俩，等一下！"

我们走了大概有二十米，忽然听到刘新洋在后面叫我们。我们站在原地，但没有回头。

我听到脚步声从后面传来。路灯下，梧桐树的叶子在风中婆娑，直到刘新洋的影子重叠在树影的上面。

"同学，要不我们一起坐坐吧？"

我和玲华不约而同地说："好啊！"

我们翻过学校大门，去灯红酒绿的后街找了个烤肉摊儿坐下。

每一所大学的后面，都有一条后街。这里，有着和青青校园不一样的繁华；这里，热浪滔天；这里，荷尔蒙四射。

这里的繁荣，非常廉价。麻辣烫的香味走街串巷，烤肉摊的吆喝此起彼伏，逼仄的巷子里鳞次栉比地藏着一个个私人旅馆。这里，承载着青春的欢乐和伤痛。

那又怎样？因为青春，才是最大的奢华！

多年以后，当你睡在全世界最好的酒店舒适的大床上，当你看着眼前的无边海景或者繁华世界，你的快乐，不见得比得上那后街的一夜欢歌。

当然我们没有一夜欢歌，我们是来撸串儿的……

那晚上，我们喝了很多。

我说："刘新洋你个王八蛋，你不喜欢我干吗撩我？"

他说："我没撩你。"

我说："咱俩第一次去钟楼书店，是不是你约的我？"

我不想等他说话，端起一杯酒放到他嘴边："喝酒吧，别说了！"

他将一大杯啤酒，一饮而下。

"小瑶，你是个好姑娘，祝你在深圳工作顺利。"

"滚！"

我说完这句，抱着玲华哭了起来。

我不知道我们怎么回的学校，怎么进的宿舍，怎么上的床。

我一直昏睡到第二天的下午。睁开眼睛，宿舍里很静；初夏的时光，不冷不热。我叫了一声："玲华，玲华你在吗？"

玲华从下铺探出头来："你醒啦？你昨晚喝得真多，喝水吗，我倒水给你喝？"

我接过玲华递过来的白水，灌下去大半杯："我们昨晚怎么回来的？楼管阿姨看我们醉成那样没发飙吧，会去教导处告状吗？"

"别提了，你昨晚喝醉了不知道。昨天晚上王姨坐在宿舍楼门口哭了一夜。我们回来的时候，她正坐门口哭呢。"

原来楼管王阿姨早就结婚了，在农村的老家。王姨的老公，得了一种很奇怪的病，下半身瘫痪，终日卧床。他们有一个儿子。现在是婆婆在老家照顾着儿子和孙子，王阿姨出来赚钱。

王姨生得美，他老公也很帅，他们是农村少有的自由恋爱，曾经也是羡煞众人的一对。可谁知道造化弄人，如今到了这种田地。

十年了，王姨一人独挑家中大梁。原来她除了在学校当楼管以外，业余时间还会去学校家属楼里做小时工赚钱。

我们终于知道了王姨脸上为什么少有笑容，也终于明白她看到别人卿卿我我、你侬我侬为什么无来由地生气。

青春年少，如花美眷，那是她曾经最美好的时光，然而，却再不可得。现在，生活给她的，只有无奈。

王姨的老公自杀过好几次。他希望他死了以后，王姨能带着孩子嫁给别人。他们村穷，有些光棍找不上媳妇，王姨又漂亮又能干，有的是人愿意连着孩子一起娶了她去。到时候，老太太就可以跟着二儿子。这样，一家子也就安顿了。虽然嫁的男人可能老点，穷点，但知冷知热，能疼能爱，好歹比一个废人强。

王姨是何等烈性子的一个美人儿，肯定是不能答应。哭也哭了，闹也闹了！

"你敢死，我也死给你看，你儿子你妈我也不管了，说到做到！"

就这样，他们过了这么多年。

可昨天半夜，老家打电话过来，说王姨的丈夫过世了。死得蹊跷。发烧了，打了青霉素过敏死了。医生打针前问他过敏不过敏，他说不过敏。也没做皮试，就这么一针下去，人就没了。

据说昨夜王姨的哭声骂声冲破校园：

"你个死人，挨千刀的，你以为这样就不算是自己寻死的吗？你以为我不敢死给你看！你等着，我一会儿就找个绳子去这院子里找棵树，一蹬腿就完了！你图清净，我也图清净！"

王姨终究没有死。第二天天亮。她带着宿舍里大家给她凑的钱，坐最早一班飞机回老家了。下了飞机，她还要坐大巴，下了大巴，她还要搭卡车。

我们不敢想象，当王姨回家的时候，她该如何面对已经凉透了的丈夫。

我没有说话，眼泪掉进了喝水的缸子。

哭声终于从啜泣，呜咽，到号啕。

我们曾经以为我们懂爱，但现在，我不知道我是不是真的懂爱。

我不确定，我可以这样爱着刘新洋，我也不知道我会不会这样爱着其他人。

我们曾经以为爱情就是你牵着我，我牵着你，你亲我一口，我亲你一口，但现在我才知道爱是如此沉重。

我不知道我是否可以说爱，我不知道我是否承受得起爱，我也不知道我是不是遇上了爱。

我想起昨天刘新洋对我的祝福，忽然觉得，能够活着，健康地活着，好好地存在于这个世界上，知道他能跑能跳，能吃能喝，上班上课，娶妻生子，一直到老，是多么温暖幸福的事。

后来，我们再也没见。

前几日刷朋友圈，一个老同学发了一张同学聚会的照片，我一眼看到了刘新洋，还有他旁边一个漂亮的小姑娘。

他女儿真好看。

真好！

即使全世界都在约炮，
你依然可以期待一场优雅的爱情

有时候我很感激那个在午夜时分离我而去的男人，如果我一生纠缠，也许到现在，还是那个守候在他身旁的金丝雀，为他唱歌，为他起舞，心甘情愿地在并不华美的笼子里作茧自缚。而现在，我像大雁一样自由。

那天我抱着你，眼睛望向别处。你问我："你在看什么？"

我说我在看那时钟，我在看那秒针嘀嗒……嘀嗒……嘀嗒……一点点走下去。你推开我说："别这样，我给不了你要的。"我说不，也许下一秒天摇地动，也许下一刻墙倒屋塌，于是便成了永恒。你把我的头发一缕一缕地梳起来，看着我的脸，许久……扑哧笑了："你写剧本哪？饿了？我去楼下买点吃的。"

我以为我会等来一个便当，却只等来一条信息：永恒是一个谎言，忘了我。

从那天起，我的字典里，没有了"永恒"。

我不再期待天明，也不再会为任何人守候。

我把每一次约会当作最后一次，我把每一句情话碾碎在穿上高跟鞋的刹那。我没有了失去的痛苦，但也忘记了希望的滋味。

心硬者为王，无情者称后。

有时候我很感激那个在午夜时分离我而去的男人，如果我一生纠缠，也许到现在，还是那个守候在他身旁的金丝雀，为他唱歌，为他起舞，心甘情愿地在并不华美的笼子里作茧自缚。

而现在，我像大雁一样自由。

我已经完成了所有的独立。

我自己赚钱买花戴，自己买房，自己买车，自己买保险，过两天我准备为自己买一块墓地。

我在需要的时候约会，像吃一顿饭一样简单。大多数时候，我一个人——一个人睡觉，一个人跑步，一个人看电影，一个人听音乐，一个人看书。

在最初的时候，我也会感到寂寞。我会想起某个人，曾经在深夜里给过我安慰，或是在黎明时分给过我温暖笑容。我很想找他，哪怕只是发一条信息，说一声Hello。

我像克制食欲一样克制对情感的欲望。

这欲望，有毒。

我对自己的要求严格到不忍直视的地步，然而每一次战胜了欲望、寂寞、脆弱以后，我都无比欢喜。我感到自己又强大了一点，我感到自己又硬了一些。

然而，总还是会有人让我心动。

那天，我披着一件风衣，去胡同口买一杯咖啡。

北京很少有这样好的天气。通常情况下，北京的蓝天都是风吹出来的，只有大风才吹得散笼罩在城市上空的雾霾。所以大多数时候，春光明媚，只是看上去很美。真要走在路上，会被大风吹得心烦意乱。

而那天，既没有雾霾，也没有刮大风。有那么一点点偶尔拂面的春风，也是温柔的撩动。春风荡漾中，整个城市氤氲着一种花香。我当时并不知道那是什么花的香味。香得浓郁但不妖娆，让我欢喜而安静。

很多年以后，每当想起那个春风沉醉的上午，我就闻到身边飘来这种味道。这是槐花的香味。

没有剧情，没有任何剧情。

我绞尽脑汁，想为我们的相遇找一个合适的桥段。买咖啡忘记带钱，走路上不小心扭了脚，胡同口没注意撞在了一起，咖啡洒在了他的外套上……所有这一切可以让我们合理相识的剧情统统没有。

只是不小心，在一个一切都恰恰好的时候，恰恰好看到了你。

你笑容明媚，亦如这天和煦明亮的太阳。在你的身上，我看到了这个乱七八糟的世界少有的干净和纯粹。你让我感觉，这是一个没有受过生活伤害的男孩，你的眼睛里没有沉重和复杂，你的身上看不到命运拨弄的痕迹。

好像一滴露珠，在阳光下透着光，敞亮、轻快、充满朝气；就连被太阳烤出的汗，都散发着清新。

后来，你告诉我，那天的我，很漂亮，很羞涩。我想大多数时候，我可能不是一个羞涩的姑娘。只是因为那天坐在我对面的人，是你。

如果是多年以前的我，会希望时光停留在那一刻；或者，带着这心动，一起看每一个日暮和黎明。

但今天，当我看过太多相聚别离，当我从过去某个绝望的夜晚穿越而来，我已经不会再奢望任何一个明天。

我只感受当下的美好。这一天的太阳，这一杯咖啡的味道，还有眼前的你。

我们开始约会了。每一次我都打扮得很性感；每一次我都做好那是最后一面的准备；每一次我都告诉自己，无论你多喜欢这个人，都请在激情以后首先离开，不说再见。

但每一次你都带我看星星。北京空气污浊，我们会开车一两个小时去山里，在静得可以听见虫子鸣叫的山里看星空。

我还是第一次看到了萤火虫。这种带光的小生物非常有灵性，求偶的方式也很特别：雄性一边飞舞一边闪光，感兴趣的雌性则会给予闪光的回应。如果二十秒之后雌性还没有回应，雄性就会飞走。非常优雅。

我在黑夜中看着你的眼睛，你俯下身来亲吻我。我感到泥土有一点潮湿，冰冷地贴着我的背，但依然无法冷却我内心的燥热。一滴泪从我的眼角流了下来。我想到明天我将勇敢地面对黎明，像无数次的离别一样决绝。而这一次，我竟然有些不忍。

我不需要情感专家来教育我，告诉我男人睡过以后的典型反应：不接电话，不回信息，搬家，换工作，玩失踪。我也不需要按照妈妈说的，和一个男人亲热以后，不要主动联系他，等他联系你；如果他不联系你，就把他忘记。

我会直接把他忘记。我不会给他忘记我的机会，我也不会给自己纠缠他的机会。我希望自己像萤火虫一样优雅，永不纠结。

我像一个勇士一样做好了决斗的准备，我相信我会再一次成为自己的骄傲。

然而，你说："起来，我们来看流星雨。"

我一脸懵懂地坐在那里，你开车两个小时，带一个姑娘来到这么美的山里，就是为了和她一起看流星雨？

是啊，这一天的流星雨，和那个春日的阳光，在我们的一生中都会成为最美的记忆。你拉着我的手。我哭了。我说我害怕明天再也见不到你，我害怕你消失在某一个黑夜里，我害怕你说自己要去买夜宵，然后再也不会回来。

你抚摸着我的头发："傻丫头，怎么会。我想明天见到你，我想未来的日子总是可以见到你。"

我说："我从来不想明天，我只活在今天。"

你说："没有未来的今天是没有意义的。如果人们认为时间会在下一秒戛然而止，那么所有对于当下的享乐都是悲观的，看似纵情的背后是深渊一般的绝望。"

我抱紧你。像抱紧我在这世间的希望。

这希望让我羞愧，让我害怕，让我恐惧。我怕我再一次陷入希望之后的失望，我不想面对那么脆弱而真实的自己。

可我想再勇敢一次。

如果过去无法修复，
你可以选择重新活一次

当你强大了，你才真正有能力去帮助别人，而不是让溺水的人把你一起拖到河底去。

黄山婚纱趴，有个姑娘从刚报名就开始念叨：我很丑，我不美，我来了要拉低"莉知们"的颜值。

你们知道这种情况，基本就是求赞美，求肯定啊。一般情况下我还是很有耐心的：你很美啊，要自信啊。再通过看照片，找出具体好看的"点"表扬一番，鼻子好看就夸鼻子，眼睛好看就夸眼睛。基本上也就哄乖了。

可是这个女孩，怎么哄都不行。

我感觉她真的不是在"作"，应该是在她的内心深处，真的觉得自己是个丑八怪。好吧，也许美图真的会骗人，那就见了面再说吧。

她到达黄山那夜很晚，我没有等到她就先睡了。第二天，在春暖花开的湖畔，我见到了姑娘，当时她坐在我的对面，春风徐来，碧波荡漾，她明媚而羞涩的笑脸在绿叶红花的映衬下若隐若现，美得像一幅画卷。她就仿佛是从那画中走出来的美人儿，又如同山水间涤尽凡尘的仙女。我竟看呆了。

结果，她一开口，还是那句："我很丑！"满座哗然。

我问她："你觉得你很丑是吗？"

她说："是。"

我问大家："姐妹们，你们觉得这位妹妹丑还是美？"

大家一致说："很美！"

我又问她："妹妹，你觉得姐姐们审美正常吗？智商正常吗？是患了眼疾还是集体撒谎呢？"

"当然都不是啊！"

"可她们觉得很美的一个人儿，在你眼里那么丑，你这是在否定所有人的审美啊，美女。"

她不说话了。

我笑着说这个话题就先到这里吧，我们随便聊聊。我们这次 Party 的主题是爱自己，找到那个心灵深处的小女孩儿，看见她，拥抱她，去爱她。那么现在，我们就来聊聊那个小女孩儿吧，说说每个人的童年，开心的，不开心的，随便说。

　　和这样的画卷极度不匹配的，是从姑娘口中说出来的遭遇。一个充斥着暴力、辱骂、诋毁、唾弃的童年。

　　"我的母亲从来没有赞美过我，即使我长发及腰，明眸善睐，但是在她口中，我被描述成一个发育不良、面容丑陋的丑八怪。我的母亲从来没有表扬过我，即使我早早学会做一切家务，即使我安排照料一家人的衣食住行，从来不会为自己的需求说出一个字，但是在她口中，我被描述成一个赔钱货，讨命鬼。

　　"我不知道我的生命价值几何，我像风中破碎的落叶随意飘零；倘有一片淤泥肯接纳我片刻，我也愿意倾尽所有力气。

　　"我的父亲毒打我，用最恶毒的语言谩骂我。我时常以为自己会被打死，但不知道怎么还活到了今天。我不知道我今天还活着，到底是我的幸运，还是不幸。

　　"我从来没有想过，这世界的美好与我有什么关系，哪怕一丝一毫的关系。漂亮、美丽、好看、优秀，这些词离我那么遥远，它们仿佛是另一个世界的存在。而我的标签应该是：丑陋、卑微、一无是处。

　　"哦，求求你们，好心肠的姐姐们，请你们不要再对我释放这些信息。这会让我不适，甚至产生眩晕恶心的生理反应。仿佛一个在黑暗的下水道里待久了的人，忽然被一束阳光射中，眼睛瞬间被刺痛，大脑一片空白。更可怕的是，这让我感到恐惧。当我是那么卑微的一个存在的时候，至少我是安心的，没有对未知的恐惧。我已经身处十八层地下，你还能将我弃于何处？而此刻，亲爱的姐姐们，倘若你们给我一线光明，倘若你们给我一丝想象，那巨大的恐惧便随之而来。我怕有个声音对我说：'你这个一无是处的东西，你不配拥有这一切。'这声音也许来自父母，也许来自他人，但更多的，来自我的内心深处。它穿越岁月的长河，历久弥坚；它经历了我的童年、少年、青年，一直追随我，像魔咒一般挥之不去。

　　"是的，我不配，我不配拥有赞美，不配拥有肯定，不配拥有快乐，不配拥有爱。请让我回去，回到我的壳里去，回到尘埃里去，我不要幻想，不要片刻希望之后陷入更加无望的深渊。

　　"请放过我，就现在……"

哦，我亲爱的女孩，来让我抱抱你！你是我亲爱的糖果女孩儿。我说了我会帮你，我说了没有一个人会放弃你，从黄山回来的这一个星期里，我一直都在想你。

那天你在我的鼓励下，拿起话筒，坚强地许诺，你要勇敢面对明天，不管曾经经历过什么，不管当下心境如何，你都愿意为更强大美好的自己奋力一搏。

我当然希望你睡一觉起来，便一念天堂。但上帝的魔法棒，有时候没有那么幸运地刚好在此刻指向你。但没有关系，当你努力说出你想要改变的时候，就已经迈出了重生的第一步。

是的，就是重生。很多人的一生，有两次生命，一次是父母给的，一次是自己给的。在今天之前，你可以理解为你的生命是父母所赐：你的身体发肤，你的童年过往，你经历的快乐或者痛苦，你良好的教养，或者不良的习惯，你的优秀品格，或者性格弱点。你可以感激你的父母；当然，你也可以埋怨，抱怨，甚至憎恨！生命的产生的确并不全都像作家描述的那样神圣，也许出于偶然，也许出于人对死亡的恐惧，也许出于人们对永恒的执念，也许真的是出于爱。但这些不重要，或者，暂时在现在这个时间点不重要。真相有时候没有那么重要。真相有时候也并不总能够显现。而现在，对于你来说，活下去才重要！

我不会假装自己是个医生可以疗愈你那千疮百孔的过去。我认为你若是能直接丢掉可能更好。因为旧的生命对于你而言已经痛苦到窒息，这一点，你比我更明白。

那么，就当不再有过去了，不再有疼痛了，也不再有伤害。你像初生婴儿般粉嫩，在那襁褓中，绽放着天使般的笑容。

而今天，已经成年的你，走到她——你心中的内在小孩面前，像一个母亲一样，去面对她，抚摸她，爱她。

没有人比你更懂她，你可以给她她想要的一切，以她需要的方式。

是的，你重生了，你自由了。你卸下了这么多年的枷锁、包袱，从你的壳里走出来了。

但同时，你也孤单了，你没有安放情绪的堡垒了，没有抱怨和憎恨的对象了，也没有逃跑的退路了。

你真的是顶天立地的一个人了，站在这朗朗乾坤之间。你需要用你崭新的意志，赋予自己新的生命。

你没有了负累，但同时，你也没有了任何借口。等到重生的那一刻，你会发现，天地辽阔，人生无限美好。

你会发现你的肌体充满活力，你想要迎着太阳奔跑，大口地呼吸世间的芬芳甜蜜。

同时，你还会心生悲悯。当你快乐了，你才能学会真正去关心别人快不快乐；当你强大了，你才真正有能力去帮助别人，而不是让溺水的人把你一起拖到河底去。

也许你会重新走回你过去的生命里。这一次，你不再是弱者，不再是那个受气包，不再是被动承受大人们情绪宣泄的垃圾桶，也不再是他们的出气筒。

你以一个胜利者的姿态回归。这胜利不是对任何人，而是对于过去的你。你无须战胜任何人，你要战胜的唯有自己。

你衣袖宽大，步履沉稳，所到之处，春风拂面。你会爱那个年迈的老人吧，他的拳头已经不再坚硬。等你足够强大，你终于看到他暴戾浮夸的背后，一地的脆弱。你会拾起那些碎片吧，笑着，和他一点点拼接那残缺的记忆和生命。阳光照在你们的脸上，温暖而宁静。

你会找到那个满脸皱纹，因为常年劳作，背都无法直起来的老妇人吧？你终于明白，她的内心，也有一个胆小自卑、备受摧残的小女孩。她在她的这一生，从来没有爱过那个女孩，所以她的内心是那么匮乏，营养不良。她从来不希望你是那个女孩的翻版，但她却在不知不觉中，把你推向了深渊。

你说，妈妈我爱你！

然后，你就连着那个小女孩，一并爱了！

这就是我的糖果女孩儿的故事。加油！我等着你，我看着你。我含着泪敲完这一篇，我要带着笑为你写续。

他爱你，
但更爱孤独

爱上一个不需要爱情的人，渴望一个不需要同伴的伴侣，本身，就是一个无解的致命错误。

我爱你长长的大衣和裸露的脚踝，我爱你离去的背影，没有说再见。我爱你眼眶中的泪水没有掉下来。你知道我属于蓝天和风，可我从来没有勇气把你推开。那天你带着温热离去，我其实没有反应过来。我以为你下去买一份早餐就会回来，我好几次打开门，却发现门口再也没有你送来的外卖。

小爱是一个傻姑娘，是我们几个里面最漂亮，最聪明，却又最笨的一个。

上大学的时候，一宿舍的人都抄她的魔电作业（模拟电路课程，因为太恐怖，雅称魔鬼电路），甚至其他宿舍的人也会来凑热闹。本来住七个人的寝室，乌央乌央地挤了十几个年轻的姑娘，衣衫单薄，软香扑鼻，不是你蹭了她的胸，就是我扯了你的衣裳。知道的，明白这是一群集体炮制作业交差的苦×工科女生；不知道的，以为是 Gossip Girl 在开睡衣 Party。

小爱这时候会窝在上铺的被窝里吃吃地看着我们笑。

忽然宿舍的电话响起来，我们会抢着去接，然后对着电话那头的人调侃一番。当我们阴阳怪气的声音传来，小爱就会从上铺跳下来抢过电话："给我给我。"然后脸上泛着红晕说："好，好，我马上下来。"

说完后，穿上外套就往外面跑，一边跑一边说："中午不用给我打饭了，帮我把暖瓶灌一下。"话还没说完，人就没影儿了。

我们看着她的背影，有人羡慕，有人叹息，有人不解。

我们不知道这个在工科院校里比较稀有的漂亮品种，放着这学校一众帅哥才子高才生不喜欢，怎么看上了隔壁艺术院校那个吊儿郎当的半吊子艺术生。

我们对艺术生没有偏见，只是觉得，太耗心力。

这才子经常半夜给我们宿舍打电话，小爱躲在被窝里和他一聊就是一个通宵。要不是看在小爱经常用奖学金请我们吃饭，给我们抄作业的分儿上，我们真想把电话夺过来，冲他喊一嗓子："可以睡觉吗，帅哥！"

有一次不知道是谁，在睡觉前偷偷把电话线掐断了。半夜里，忽然楼管阿姨来敲门："小爱，小爱，你姥姥病重，家里有人找，赶快出来。"小爱迷迷糊糊地睁开眼："我姥姥？我姥姥早过世了啊。"很快，她反应过来，抓起一件羽绒服，披上就往外跑。出去以后，就再也没有回来。我们竖着耳朵听了半天，看看门口也没啥动静，互相嘟囔着，睡吧睡吧。

第二天下午，小爱回来了，满脸憔悴。她说她男朋友喝醉了，又絮絮叨叨和她说了一晚上艺术、理想和家里对他的不理解。

我们一边说"哦"，一边把嘴里想说的话咽了回去。我们都想说的是：你能不能离开他啊，美女？忒不靠谱了！自从小爱和他谈了恋爱，人也瘦了，笑也少了，钱也紧张了。这才子可以把一年的生活费，买一堆纸、笔、画、唱片，然后在没有饭吃的时候给小爱打电话。我们还曾经帮小爱送了一大箱方便面、火腿肠、咸鸭蛋到那帅哥的楼下。

　　还有，就是经常半夜喝醉了打电话来。电话说一半，人可能就睡着了。那时候也没有 GPS 定位，小爱就沿着这两所学校之间的马路一步一步地走，一点一点地找。直到在马路牙子上找到这不省人事的哥们儿。

　　我们说："小爱，你这智商不是要当科学家的吗？你的军事迷老爹，不是想让你再修一个核物理，报效祖国的吗？你和他这么搅和下去，距离你的远大理想，渐行渐远啊。你们简直是不同平行世界的两朵奇葩，永不相交。"

　　但人就是这么怪。很多时候，都是在另一个人身上，寻找自己没有的东西。小爱太乖了，这种放浪形骸、自由叛逆的帅哥，对她有着致命的吸引力。

　　后来我们都毕业了。这帅哥在我们毕业之前就退学了，跑去胡同里一个大杂院，弄了几间房子，做了工作室。小爱进了一家非常好的对口企业。那个时候，我们这个专业正如日中天，所以收入在毕业生里面也是相当不错的。

　　可我们知道，小爱的钱是一分也存不下来。她的艺术家男友的工作室就像一个无底洞，吸走她的青春、美丽，还有金钱。

终于，这哥们儿不知道遇到什么高人，脑子开了窍，觉得自己可能真不是搞艺术的料，转而从商。他的才华，在艺术领域可能真是乏善可陈，但在商业领域，那就是绰绰有余。

这才子除了喝酒作画以外，做起生意居然也有那么两下子。也正赶上中国房地产发展的好时候，地产商极尽浮夸、奢华、无限意淫之能事。一个随随便便的板楼，起一个"伯爵庄园"之类的名字，就当作欧洲豪宅来卖；园林里，挖一条水沟，就可以说这是"巴黎左岸"。正中帅哥下怀，他能画，能写，能想。很快他的工作室就变成了广告公司，主要承接各大地产商的楼盘策划包装、楼书制作等业务，做得风生水起，还在北京的繁华地段买了一处高级公寓。

我们不势利，但我们真心希望小爱能幸福。结婚生子，我们都忙得不亦乐乎，却始终没有传来小爱结婚的消息。

有一次去找小爱，发现她一个人住在自己的房子里。我颇为震惊："你们俩没住一起吗？你们分手了吗？"

"没有没有，他不喜欢住一起，我这里离他很近，开车十分钟。我们这样很好，保持彼此独立，想见就见，很舒适的状态。"

"小姐，你都三十了好吗，你要独立到什么时候？"

小爱笑了笑："我现在挺好的。我喜欢这种状态。"

后来我才知道，所谓"想见就见"，完全是小爱的一厢情愿。事实上，想见很难见。这哥们儿工作确实忙，全国各地到处飞。中国的楼盘像天上下了暴雨，在地上砸了坑，四处开花。他作为特别牛 × 的广告人忙得不亦乐乎。

小爱曾经说，你要起飞报平安，落地报平安。他答应了。可他就像天上的鸟，想飞就飞，想落就落，怎么会为任何人驻足？于是，小爱就像个粉丝一样，从他的新浪微博上获知他起飞落地的时间。他不落地，她不睡觉。因为见面的时间也很难约，小爱总是计算着他在家的日子直接去敲门。十次总能见上五回吧。我们说你干吗要这样啊，你傻不傻啊？她只是笑。

有一次，小爱终于在我们的鼓励下，决定改变一下这个局面。她在一次约会后偷偷配了他家的钥匙。在他出差回家前，搬了一点自己的东西过去。其实也没有什么，无非一点洗漱用品，几件衣物，适应需要一个过程。

小爱说她知道这男孩不愿意受拘束，她甚至可以不要婚姻，只希望可以和他在一起，每天可以看到他。睁开眼可以看见他的脸，熟睡前枕着他的肩，而不是像个小偷一样，总是搞突然袭击。

故事并没有什么完美结局。男孩回来看到小爱，暴怒。他觉得自己的领地受到了侵占，他忘记了自己曾经是怎样侵占了她的世界，从身体到灵魂，全部。然而，他太喜欢一个人的世界了，实在没有办法和第二个人分享。是的，这世界上有一种鸟，它们始终需要独自飞翔，享受独处，不需要同伴！

太多的婚姻悲剧，都是本来不适合婚姻的人结了婚；太多的恋爱悲剧，都是本来喜欢一个人生活的人，因为承诺、惯性、世俗眼光，而待在了一起。爱上一个不需要爱情的人，渴望一个不需要同伴的伴侣，本身，就是一个无解的致命错误。

小爱没有争辩，也没有怨恨，她冰雪聪明，她明白一切。但明白，不代表不心痛；明白，不代表不受伤。她在男孩把她扫地出门之前，随手抓了一件衣架上的大衣，夺门而出。

没有说再见。那一天的北京，大雪纷飞。

北京的冬天，屋里屋外，冰火两重天。房间里的暖气很热，衣着单薄的小爱，走得太过着急，没有来得及换上冬装。红色羊绒大衣里面，只有一件真丝吊带睡衣。

她感受着柔软羊绒包裹身体的温暖感觉，踩着高跟鞋踏在积雪上。身体在寒冷和温暖中刹那交叠，生命在现实和梦幻中飘忽不定。最终她在对面单元门口的玻璃镜子前停下了脚步。她看到自己的红色身影在雪里跳跃，她觉得她把这男人裹挟进了这件大衣里，连同她的青春，她的爱，她的回忆，她的一切。

她抬头望了一眼那扇熟悉的窗户，嘴角上扬，露出了好看的微笑。

我走了。不见了。再也不见。

她不知道，在她离去的时候。他在窗边，泣不成声。

多年以后，他说："我爱你长长的大衣和裸露的脚踝。我爱你离去的背影，没有说再见。我爱你眼眶中的泪水，没有掉下来。但是，我更爱孤独。"

　　爱情是你可以在任何年纪重回少女的魔法棒，那一刻，她点中了你，你就从平庸的生活中脱颖而出。

　　这一刻，你宛如少女。

　　这一刻，你光芒万丈。

　　这一刻，可以用来抵挡未来可能非常漫长的黯淡人生。

　　然而，爱，也往往伴随着伤害。

　　那又怎样，生活本来就是波澜起伏，生活本来就变幻莫测。

晒图有奖！《愿你永远拥有爱的能力》大奖抱回家

　　自媒体时代人气情感大咖、微信公众号"小莉说"首部原创精品合集《愿你永远拥有爱的能力》2016年8月清凉上市。源自于真实案例的虐心故事，辅以犀利睿智的当头棒喝，带你展开一段爱的淬炼，人生的蜕变。周国平、武志红、龚宇、黄伟强、十点林少倾情推荐！

　　现在在微信上写下你爱的成长感悟，并晒出本书封面，然后私信我们，就有机会获得紫图图书＆"小莉说"赠送的超值礼品！

活动规则：

　　在微信上关注"北京紫图图书"（zito_64360028）和"小莉说"微信公众号，或者直接扫一扫下方的二维码关注，以#愿你永远拥有爱的能力#为话题，写下你爱的成长感悟，并晒出本书封面，分享至朋友圈，添加小编微信（zito64360028），并截图发给小编即可。

　　活动结束后10个工作日内，我们会选出符合活动要求的优秀作品给予奖励，之后我们会在紫图图书官方微博与"北京紫图图书"微信公众号上公布中奖名单，获奖读者将联系方式私信给我们后，我们会安排工作人员寄出奖品。

　　活动截止日期：2016年9月30日

　　活动咨询电话：010-64360026-186

　　（本活动最终解释权归北京紫图图书有限公司所有）

奖品设置：

一等奖1名： 价值12000元的"小莉说"至尊女子沙龙名额一席
　　　　　　或一年内入住中国高端度假第一品牌黄山德懋堂度假别墅两晚（二选一）。

二等奖5名： 赠价值1000元／小时的小莉情感线上咨询一次。

三等奖20名： 赠小莉签名首印版新书一本。

黄山德懋堂度假别墅

扫一扫，关注
紫图图书微信

扫一扫，关注
小莉说微信

Chapter 2

总是去爱，
像少女一样

　　爱情的确是奢侈品，不是谁都有资格想要就要。如果你不能坦然面对爱的无常，你就没有资格去爱；如果你不能认识到爱是付出不是索取，你就没有资格去爱；如果你不能接受爱的结局，你就没有资格开启爱的大门。

　　想要像少女一样去爱，你首先要把自己活成一个女王，独立强大到不再需要从爱情里索取任何东西，无论是爱的回应，还是爱的长久。

勇敢爱人，
是快乐的真谛

孩子，真正的快乐，就是给予别人爱和帮助。妈妈并不认为这是一件多么神奇伟大的事情，妈妈认为这是人的本能。

我终究无法重新活过。但是我有你，我的宝贝。我希望你可以活得快乐而自在。不必像我一样，到了三十几岁，才明白生命的意义。

心理学家荣格说过：人有两次生命。第一次是活给别人看的，第二次是活给自己的，第二次常常从四十岁以后开始。

而我希望你的生命，从一开始，就活给你自己。

孩子，我永远记得，我们在海边的房子里，你透过窗户，用手指着大海，对我说："妈妈，你看，那条红色的船，它漂过来了。"那时候，你两岁。

我又欣喜又担忧。你诗意的语言让我沉醉，温柔的眼神让我幸福，但我更害怕你敏感多情易受伤。我拼命想纠正你。我每天都把你从屋里拉出来，让你去跑、去跳、去玩耍、去呐喊。我希望你阳光，爱运动，大条，粗犷。

有一天，我终于明白，我这么做，是因为我一直在否定我自己。你身上所体现出来的这些特点，就是你的妈咪，我，一直以来的样子。

每一个人对自己都不是那么满意。胖的喜欢瘦的，瘦的喜欢丰满的，文艺的羡慕傻白甜。当我意识到这一点，我感到非常惭愧。我不喜欢那些因为自己的梦想没有实现，就让孩子延续自己梦想的父母；也不喜欢那些用自己的思想去控制孩子的父母。然而我现在和他们并没有什么不同。

生命本身，有她的样子。一个生命，穿越生生世世而来，自带风水，灵魂完备。父母，不过是你来到人间的一扇窗，一道门，一座桥。你是内向的，还是外向的；你是理性的，还是感性的；你是敏感的，还是钝感的，很多时候，早已写在了你的基因里。

请遵从你的内在基因，尊重你本来的面貌，舒舒服服、自自在在地长成你自己的样子，不用活成别人。

在我们小一些的时候，总喜欢思考人生的意义。等我们慢慢长大才明白，生命的意义不是思考出来的，还要去体验。

妈妈认识一个阿姨，她很漂亮、很可爱，可她老是愁眉紧锁，总是在思考和担忧。她没有办法在一群人聊天的时候专心聆听大家的分享，甚至没法安下心来去体会孩子的成长。

有一次，妈妈给了她一个鸡蛋，让她什么也不去想，专心地去体会这只鸡蛋的味道。于是，这位阿姨拿起鸡蛋仔细端详，轻轻磕开，慢慢剥掉蛋壳，一口一口品尝鸡蛋的味道。她惊喜地发现，原来鸡蛋这么好吃，吃鸡蛋的过程这么享受。

从此以后，她尝试用这个方法去对待生活中所有的事情。感受一朵花开的芬芳，感受春风拂过面颊的轻柔，感受一杯咖啡的香甜，感受每一个日出和日落的光影变幻。

生命就像一条宽阔的河流，一路欢歌，一路奔放；时而电闪雷鸣，时而阳光普照；穿越森林沼泽，穿越戈壁沙漠。每一刻都精彩，每一秒都宝贵。在该恋爱的时候恋爱，在该奋斗的时候奋斗，在该行走的时候行走，在该驻足的时候驻足。人生就是一场体验。像拼拼图似的，把这些模块拼完了，生命的意义就了然了。

这是一个有些浮躁的年代，大家都在追求各种各样的东西，但却忘记了最根本的快乐。其实，快乐和财富没有必然联系。

有一个阿姨，她自己开公司，赚很多钱；她身体健康，年轻漂亮，但她总觉得生活没有意思。后来，她把开公司的目标变成能帮助多少人，而不是赚多少钱，她的生活发生了变化。

这位阿姨的公司提供的是帮助外国朋友在中国找房子的服务。当她以赚钱为目标的时候，她觉得自己的工作非常乏味辛苦，有时候甚至想，这笔钱我不赚了，我不想这么辛苦，起早贪黑，风吹日晒。

但当她以帮助别人为目标的时候，她看到这些外国朋友到了中国第一个向她求助，她内心非常满足。她看到她的客户在她的张罗下安居乐业，看到孩子们在草地上嬉笑欢闹，她非常开心。

孩子，真正的快乐，就是给予别人爱和帮助。妈妈并不认为这是一件多么神奇伟大的事情，妈妈认为这是人的本能。

人的生命非常短暂，也会有局限，如果我们只把感受力放在自己身上，快乐的源泉很快会枯竭。当我们开始去爱人，去关心别人，去付出，我们会看到我们的能量是可以无限放大的。那些被我们温暖过的人，会因为我们的帮助变得更美好；而他们也会继续给予其他人善意和关爱，让爱绵延不绝。

一百年后，我们的生命将湮灭在岁月的长河里，而我们留下来的这些爱，却还在流动、传递、发酵、升华。这样，我们的生命才真正有了永恒的意义。

最后，在这个特殊的日子里，我想写下对所有孩子的祝福：

愿你独立但懂得温暖，善良但学会坚强，坚持梦想但知道迂回，生命辽阔但内心笃定。愿你们拥有爱人和快乐的能力，到永远！

爱情是一种态度，
你够跩，他深爱

情商是什么？不是感情里的一些小伎俩，不是心机，不是谋略，这些都是皮毛；最根本的，是内心的底气，是充盈的爱！

小雨和萌萌，是两个漂亮的姑娘。小雨有古典美人儿的气质，内敛典雅；萌萌则活泼明媚。

她们都很优秀，小雨是一家外企的部门主管，事业做得风生水起；萌萌是一家医院的护士长，业务出色。

我在一次"小莉说"下午茶上同时见到了她们两个，当时大家在做情感分享。

萌萌上台昂首挺胸，目光坚定，笑言了很多和男朋友的趣事，和大家分享了她怎么让那个大她五岁的众人眼里的"成功人士"男朋友丢盔卸甲，乖乖听话的。

她说：无论他赚多少钱，无论他的企业做得有多大，我和他在心理上是绝对平等的。他公司赢利千万也好，上市也罢，那是他的行业荣耀；我觉得我的工作非常有意义，我把病人照顾好，每个月拿到全勤工资和奖金，我也非常骄傲。

他在感情上很依赖我，我上班不能随时接电话，有时候一下班就看到一堆未接电话，有时候一出医院大门，就看见他在车里已经等我半天了。

接下来是小雨分享。小雨是完美的，妆容精致，衣着得体，形体、站姿、发言，都无可挑剔，不愧是知名外企市场部主管，她站在那里，就是礼仪教科书，优雅代名词。

小雨说她从小很独立，爸爸是中学老师，带高考班，非常忙，对学生特别好，但是对她的学习从不过问；妈妈自己做生意，也是早出晚归。她从上小学开始，就自己管钱，自己买衣服，自己买书。妈妈会每个星期给她固定的零花钱，买衣服、买书需要钱，再额外申请，剩下的事就不管了。

没人管的孩子早当家，小雨特别懂事、优秀，上学时候是学霸，自己报志愿，自己选专业；名校毕业后，自己找工作；职业发展中的几次选择，也没有找高知的爸爸和商场沉浮多年的妈妈商量。她已经习惯了，自己搞定一切！

这样的女生，一定是圆满俱足，人生赢家吧。可是，当她说到自己情感生活的时候，简直像变了一个人。

她黏人、敏感、卑微，屡次"被分手"。这样漂亮优秀的女孩子，男朋友一个一个和她分手，在有些人看来简直不可思议。

其实，刚刚开始的时候，主导权是在她身上的，男生们会被她的美、她的好吸引，主动来追求她。然而，一旦开始恋爱，情况很快反转。小雨总会忍不住给男生发信息，问他在哪里，在干吗，她说她并不是不放心他，只是随时随地想和他说话；她每天下班都想见面，约会刚刚结束就又打电话；相处中，她处处讨好，凡事迎合；每一次吵架，都是她先低头求和。

很快，男生就没了先前的殷勤，再过些时日，竟心生厌倦。

首先要肯定的是，小雨是值得被爱慕的，有吸引力的。但为什么最后会变成这样呢？

人的本性是享受追逐的快感，征服的快感。

当一个男生追求一个女生的时候，肾上腺素分泌加速，会非常快乐。小雨和男生在一起以后，迅速地剥夺了他的快感。她反过来去追男生了。

她时时刻刻关注着他，提醒他下雨了记得打伞，感冒了要吃药，每天出门为他查路况；每次男生还没来得及给她打电话，她的电话就打过去了。如果每天两人之间只需要打两个电话，她总是在男生想起打电话之前，就把两个电话都打过去了。男孩还有什么空间和时间，想起来要给她打电话呢。

而萌萌呢，我们看到，她一直在保持这种被追求的状态。她不主动联系男朋友，她给他制造危机感，告诉他，我的世界除了你，还有我的工作，还有许多朋友。

萌萌甚至说：我觉得一个男人能够拥有我，是他这辈子最大的福气，这是我一直以来的想法。

就是这么自信！

细问萌萌的童年经历可以知道，萌萌出生在一个小城镇，经济状况在当地算不上很富有，可是父母很爱她，物质上尽可能满足她。萌萌和父母无话不谈，直到上大学以后，还经常和他们打电话，煲电话粥。

我们常说，你若盛开，清风自来，是说一个女人足够优秀了，就会有男人来爱。

事实确实如此，但也不完全是。

只有优秀了，才能拥有男人的爱，但并非只要你优秀，就一定能在感情中立于不败之地。

红颜薄命，我们看到很多长得很漂亮的人，却不一定有太好的结果，有很多男人喜欢她们，但最后结局惨淡。还有很多女强人，事业上很成功，长得也不难看，可是她们在情感上也没有得到幸福。

为什么？因为无论她们多么漂亮，多么能干，生活上多么独立，经济上多么独立，她们在精神上是不独立的。她们总是在渴求，总是在依附。无欲则刚。而有欲念，就会受制于人，就会矮人三分，就会卑微到尘土里。这个欲望是什么？就是爱！精神上极度空虚，对爱极度饥渴，使你由骄傲的公主，变为一个屈膝的乞丐。

有一句话说一见钟情是看脸，而最后决定你们两个人感情发展的，靠的是情商。而这个情商是什么？不是感情里的一些小伎俩，不是心机，不是谋略，这些都是皮毛；最根本的，是内心的底气，是充盈的爱！这个爱，就是你小时候，你的原生家庭给你的爱，对于大多数人来说，就是爸爸妈妈给你的爱。即使有一天父母离开了你，但是这份爱的能量还在，这份被爱包裹的充满满足感的记忆还在。你没有饥渴，没有空洞，你站在那里是笃定的，是有底气的，不是诚惶诚恐，四处寻找的。

小雨，在她的童年里，她是那个在校门口四处张望，寻找送伞的妈妈的身影的小女孩。这种对爱的寻找，伴随着她直到现在，现在她已经长成了一个生活独立、经济独立的女性；可是在内心里，她始终是一个找爱的孩子。

而萌萌，虽然她的家庭经济条件并不是非常好，但是她的爸爸妈妈给了她足够的爱。让她有自信、有底气面对任何男人，不管你是不是比我大好几岁，比我成熟，比我赚钱多，比我社会地位高，你拥有我，就是你最大的福气。

没错，
你只是 TA 寂寞时的备胎

坏男孩就像那只流浪猫。他们会在自己需要的时候放肆地踏入你的生活。而你，在他们需要的时候，是可以供他们停靠的港湾；在他们不需要的时候，就变成了阻碍他们飞翔的窄巷。

2014 年 12 月 7 日。

农历甲午年，十月十六，大雪。

这一天，没有想象中的大雪纷飞，但天气依然干冷。如果你带着一身热气从车里走出来，会感觉凌厉的风迎面刺过来，羽绒服表层迅速冷冻。你必须疾步冲向带有暖气的屋子，否则你晚餐吃的红烧鱼都有可能变成冻鱼，在胃里搁上一夜。

而此刻，我就在这样隆冬的夜里走着。我是来拜访一位好友，她住在北京一幢旧式的居民楼里，这里没有地下车库。我好不容易在狭小拥挤的院子里小心翼翼地停好车，然后深一脚浅一脚地开始寻找她家的单元门号。

"小莉——"循声望去，朋友已经下楼来接我了。省去寒暄，两人都戴上羽绒服的帽子，裹紧衣服继续走路。快要走到一个单元门口的时候，树丛里忽然跑出来一只猫，站在离我们十米远的地方喵呜喵呜地叫着。我着实被吓了一大跳！天生怕猫怕狗怕各种小动物，这会儿只能躲在朋友的身后，怯怯地说怎么办怎么办。

只见朋友不慌不忙地从口袋里掏出一包吃的放在旁边的水泥石阶上，趁着猫低头吃食，她拉着我迅速往楼门口走去。当我长舒了一口气，关上单元门的时候，却发现这只浑身黑黝黝的家伙，居然也跟了进来，这次它没有叫，而是瞪着一双圆滚滚的猫眼看我们。我们走它也走，我们停它也停。朋友从口袋里又掏出一包吃的放在地上，然后按了电梯准备走。这猫好像得了灵通似的，看都不看地上的食物，跟着我们就进了电梯。无奈，我们只能又出来。

我看傻了，听说过冬天流浪猫很冷，喜欢钻车底下什么的；想跟着人回家的，我还是第一回遇见。

只见朋友蹲下来，摸着这猫咪的头，柔声对它说：

你乖，明天我再给你带吃的来，好吗？不要跟着我了好吗？我是不会带你回家的。

结果好像并不理想。猫还是再一次跟我们上了电梯。电梯停在了四楼，我们和猫一起出了电梯，朋友又一次掏出了猫粮，这一次猫咪在楼道温柔的黄灯下满足地咀嚼起来。朋友拉着我的手，快速从安全通道出去，关紧了安全门，我们一口气跑下了两层，到了她的家里。进屋后，朋友没有开灯，我们俩坐在黑乎乎的客厅里，半天没有说话。终于我打破了沉默：亲爱的，我怎么好像听到那只猫在叫啊……

于是我在黑暗里听到了另一种声音，那是朋友低低的哭泣声。她告诉我，去年的这个时候，她收养过一只流浪猫。也是这样的隆冬，她拗不过一只猫的死缠烂磨，讨好卖萌，把它带回了家。那是一只脏乎乎、秃毛的猫咪，她给它洗澡，为它梳毛，带它去体检，甚至在客厅向阳的地方给它做了一个窝。她好像和猫特别有缘分，平日里那些猫就喜欢跟着她，她也喜欢给它们带一些吃的。

这只猫也没有辜负她的厚爱，给了她许多快乐：看电视的时候依偎在她的怀里，两个生命一起八卦着别人的故事；深夜加班的时候，猫咪静静地卧在她的书桌上，写得乏了，还能摸摸猫咪的头，看着它皱起的鼻子逗逗乐；回家的时候，钥匙一插进锁孔就听到猫咪挠着门板欢迎她；出门的时候，多了一句道别，多了一份牵挂。

就这样冬去春来，过了三四个月，猫咪从之前的瘦骨嶙峋变得健康结实，毛发油亮，叫声洪亮。朋友对它的感情也发生了变化，从一个收容者、一个施救者，变成了它的朋友、亲人，甚至在某种程度上依恋着它，依恋着它暖融融的陪伴和满屋子奔跑的生气。

就在朋友已经完全接受了猫咪的存在，并且理所当然地认为他们会一直这样下去的时候，在一个春暖花开的日子里，这只猫消失了！那天朋友下班回家，发现窗户洞开。它走了，再也没有回来。

没有任何征兆，没有打一声招呼，什么也没有带走，就这么猝不及防地消失了，消失得干干净净！除了屋子里的猫粮和客厅里的猫窝，甚至都让人怀疑它到底有没有来过。

"为什么？为什么要这样？当初是它自己要来，追着我，赖着我，等我接受它，喜欢它了，它却招呼不打一声就走了！它是要自由是吗？那天寒地冻的，它跑到我家求我收留它的时候，怎么就不要自由了？"说到这里，朋友声音中已经有了遏制不住的愤怒与憎恨，还有更多的，痛心与无奈……

我紧紧地抱着她的肩膀，用我仅有的力量，让她不要抖动得那么厉害。我始终没有说一句安慰她的话。因为我知道，这是一段怎么样的过往。

我和朋友曾经是一个单位的同事，那时候我们都刚刚大学毕业，合租在一间房子里。我们朝夕相处，形影不离。忽然有一天有个男孩来楼下接她上班，大家都没有车，所谓接她上班，无非是跟她一起走到公交车站，再一起坐公交车，一起到单位。我知趣地要退场，朋友拉着我说："别，我不喜欢他，烦人。"

于是就这么三人行了一段时间。慢慢地我发现，朋友没那么不喜欢他了，他们在路上开始拉着手，在车上开始挤一个座位，下了班开始一起回家里做饭，吃完饭，朋友开始不再着急催促男孩赶快走了。

我当然还没有笨到等那个男孩找我谈话，自己找了个理由搬走了。离开那天，看着他俩依偎着在门口送我，我的心里暖流涌动。我觉得在这个陌生的城市里，我亲爱的女孩有了自己的家。

故事的结尾大家可能都想到了。男孩在某一天失踪了。带着他的几套换洗衣服，消失在那个迷茫的城市里。电话关机，QQ 离线，而我们也不知道他的工作地点。因为他从来没有所谓的正式工作，一直靠帮别人做设计赚取一些收入，没有活的时候，都是我朋友的工资在支撑他们的生活。

如果走入一段感情需要很长的时间，那么走出来，可能需要一生。我想我的朋友在经历了这一次被突然失踪的厄运以后，一定像中了魔咒一样地恐惧着这样的命运安排。不知道是不是吸引力法则在起作用，越是恐惧的事情，越会发生。

坏男孩就像那只流浪猫。他们会在自己需要的时候放肆地踏入你的生活。他们把霸道扮演成率性，把自私化装成固执的爱，把对温暖被窝的渴望包装成对你的温柔着魔。他们需要降落的时候，就会采取疯狂措施紧急迫降。因为追求短期效应，各种浪漫卖萌，时间成本，情感成本，金钱成本，在所不惜。当他们渴望蓝天的时候，他们的离开会比当初降落还来得干脆利落。他们不会觉得自己有错。对自由的渴望，听上去多么美好。而你，在他们需要的时候，是可以供他们停靠的港湾；在他们不需要的时候，就变成了阻碍他们飞翔的窄巷。

那晚，我陪了朋友良久。

深夜里，当我驱车行驶在并不拥挤的四环路上时，心里响起的是朋友低声的哭泣和那只猫无助的哀鸣。而我，什么也做不了。

当我在地下车库停好车的时候，手机响了，是朋友发来的微信。

"我把那只猫找到了，带它回家了。"

我打了好几行字，又删掉，最后只写了一个"哦"。

过了很久，手机又响了，是一条微信。

"猫可以，人不行。"

完美爱情里的五种密码

你相不相信那种感觉，真的不是我自己想象的，也不是由我控制的，就像有人不能控制晕车一样，我不能控制对他的眩晕。我知道要矜持，我看了你关于不要向男神表白的文章，也非常认同，可是我觉得自己身不由己，我非常羞愧，甚至无地自容。

　　爱情是荷尔蒙一分钟的荡漾。这是我听过的对爱情最好的诠释。短短十二个字，对爱情的本质、时效性和表现形式都做出了非常精准的定义。

　　很多年前，当我还在大学宿舍里与闺密们卧谈男神的时候，一个室友失恋了。我们几个陪着她在校园里压马路，其中还有一个室友的戴眼镜的男朋友。在我们的七嘴八舌中，姑娘还在嘤嘤哭泣，屡劝不止。这时候那个戴眼镜的男孩忽然说话了："哎，你真的不要太放在心上了。我跟你说实话吧，你看到那些树林子里搂搂抱抱的一对一对的，看着和谈恋爱似的，其实男生心里都想的是那个。"此话一落，整个世界安静了。他的女友狠狠地瞪了他一眼，从丹田发出一声低吼：滚！然后，转身离去。

这么多年，我一直想去问问那些大学校园里牵着女生手的男孩，这个男生说的，是不是他们的心里话。

爱情荷尔蒙分为五种：苯基乙胺、多巴胺、去甲肾上腺素、内啡肽、后叶加压素。我用一个爱情故事给大家阐述一下这五种激素在爱情中的不同作用吧。

苯基乙胺

当一个女孩遇上一个男孩，在毫无准备的情况下，不知道哪根神经搭错了，大脑中开始分泌一种叫作苯基乙胺的物质。这种物质会让她迅速地兴奋起来，呼吸和心跳都会加速，手心出汗，颜面发红，浑身滚烫，瞳孔放大。苯基乙胺还有一个副作用就是能让人产生偏见和执着，丧失客观思维的能力，坚信自己选择的正确，只看到自己喜欢的东西，正所谓情人眼里出西施。这个时候，女孩坠入了爱河，智力水平急剧下降。女人分泌苯基乙胺的最短时间是30秒，男人是90秒。所谓一见钟情，大抵就是在你遇见某人的时候，上帝不小心打翻了装满苯基乙胺的容器。

多巴胺

接下来，当你在苯基乙胺的折磨下坐卧不宁，跨越半个世界去见他，终于拥抱在一起的时候，你的身心瞬时全然得到了满足，满足到希望这个世界在这一刻停下来，唯有此刻，一生便好。如果你的身体可以透视，这时候，一定可以看到无数白色的结晶体，像一朵朵盛开的白色花朵，充满爱意，自由绽放。

去甲肾上腺素

多巴胺让你沉醉，而去甲肾上腺素则使你意乱情迷。你心跳的速度取决于身体分泌去甲肾上腺素的浓度，如果这样说，就可为矜持还是放荡找到生物学依据。接下来的情节可能没有拥抱那么平静，小莉暂时还没有修炼到那个段位，此处略过不表。

内啡肽

谢天谢地，还有内啡肽这种东西。当激情过后，我们需要它来做温柔的后续。内啡肽是一种镇静剂，可以降低焦虑感，让人体会到一种安逸的、温暖的、亲密的、平静的感觉。虽然这种激素使人镇静而不是幸福，但有人将它和吗啡的作用相提并论，说明这种温馨的感觉一样能使人上瘾。所以，这种激素，实际上就是决定能否进入婚姻的关键激素。如果在苯基乙胺、去甲肾上腺素之类的激情物质消退之前，分泌出足够多的内啡肽，恭喜你，你们可以去结婚了。

后叶加压素

这是女人最爱的激素，它决定忠贞。科学家做过实验，两组老鼠，注射过后叶加压素的一组老鼠，表现得比没有注射的那一组老鼠对伴侣更为忠诚，对于其他异性对伴侣的亲昵也表现得更为愤怒。看到这里，女人们一定都疯了，快给我老公来点后叶加压素吧，多少钱我也愿意。好吧，希望有一天这东西真能上市。

好啦，说完这五种爱情激素，完美爱情的模型其实也出来了。我们可以用苯基乙胺、多巴胺和去甲肾上腺素来引发一段爱情，然后利用内啡肽使之更加长久继而走入婚姻，最后加一点后叶加压素把这段感情变成永恒。

Perfect，太完美了！然而，我们不是上帝。

我们的爱情大都痛苦。造成痛苦的，也无非是这五种激素分泌的对象、多少、时间，没有按照我们希望的模式来。

痛苦一：我有他没有！你在分泌苯基乙胺，你一见钟情，你欲罢不能，而别人只在分泌汗液，这恐怕是世界上最最痛苦的事情了。很遗憾，我翻遍资料，也没有找出来，到底什么因素能触发爱情激素的分泌。如果我能研究明白，一定会告诉姑娘们。不知道有没有姑娘会主动规避这种因素，避免自己陷入爱河。那些高喊着爱一个人多么美好，为什么要逃避的人，我只能说，爱永远是两个人的事情，单恋其实蛮苦。

痛苦二：他退了，我没退。虽然说爱情是荷尔蒙一分钟的荡漾有些夸张，但爱情具有时效性，几乎已成定论。有观点认为是十八个月，有的认为是两年，最长也就是四年。然而，个体的时间又因人而异。共浴爱河的两个人，一个已经过了爱情激素的分泌高峰，前三种促发激情的激素消失了，后两种产生温情和忠诚的激素却没有分泌，这个时候，结局只有分手。由于双方的激素消退时间并不同步，那么还在被爱情激素控制着的那一方则会非常痛苦和无助。

痛苦三：激素分泌不平衡。理想的模式，当然是五种激素按部就班，王子和公主快乐地度过了一生。但现实往往不是如此。而且我严重怀疑女性后两种负责稳定和忠诚的激素分泌水平远远高于男性。这就是为什么男人比女人更喜欢朝三暮四。

几乎所有的生物学家都认为爱情激素分泌的时候，人体反应和吸毒有类似之处，并且会产生依赖。人群中有一种特殊的人，他们对多巴胺、去肾上腺素等爱情激素"上瘾"。这样的人，一旦体内的爱情激素消退，就会通过另寻新欢再次获得刺激源，从而享受高激素分泌带来的极度愉悦兴奋，这就是我们通常所说的花心、喜新厌旧的人。

写了这么多，无非是想告诉大家，爱情除了心理因素外，还具有很多我们不可控制的生理因素。

人们很容易理解人和人的外在差异，不会因为你长得没有其他人高大、美丽、白皙而指责你不够努力，但人体的内在差异很难理解。

那些在爱情中卑微的女孩，也许就是遇上了那个打翻魔盒的男孩，苯基乙胺乱飞。那些在感情中执着，总是无法放下的女孩，也许她的爱情激素就是分泌得过于喷薄，过于绵长。

有一个女孩曾经无比沮丧地对我说，她觉得自己很没有出息，她一见到那个喜欢的男孩，甚至听到他的名字都会眩晕。她问我，小莉姐，你相不相信那种感觉，真的不是我自己想象的，也不是由我控制的，就像有人不能控制晕车一样，我不能控制对他的眩晕。我知道要矜持，我看了你关于不要向男神表白的文章，也非常认同，可是我觉得自己身不由己，我非常羞愧，甚至无地自容。

是的，我相信。放下对自己的指责，放下内疚，放下羞愧，接纳身体对你的控制，就像对待感冒发烧一样去看待激素上升对我们生理和心理的影响。尽量客观、冷静地来观察自己的情绪和行为，就像观察别人一样。对于控制不了的事情不要过于纠结，比如你的眩晕和痛苦。给自己宽容，给自己尊重，给自己时间去适应、调整，更要接纳对方对自己所谓的"没有感觉"或者移情别恋。当你明白爱情是一场激素的盛宴，而你无法控制自己不去爱他，那他也同样无法要求自己去爱你。

说到最后，既然爱情如此短暂，我们到底要不要去爱。理想的答案是，爱情来时，勇敢无畏，全情投入；爱情走时，放下执念，顺其自然。然而，人非圣贤，不要苛责，但求共勉。

敢不敢
对你现在的生活说"不"？

她贪恋泥沼里的温暖，贪恋这个男人带给她的所剩不多的一点温情，哪怕更多的只是回忆；贪恋她想象中的安全感，哪怕拳脚相加都已经发生；贪恋这个生父带给孩子的所谓的圆满，哪怕他的身教言传只会让女儿们对婚姻产生恐惧。

家门口，一对年轻的夫妻经营着一个卖水果的小店，我亲眼看着他们，怎么样一步一步从一个小小的路边摊，发展成在路边搭一个露天小棚子，再到现在盖了一个简易的房子。三年来，日晒雨淋，风餐露宿，但我从来没有可怜过他们，甚至看到他们三岁的女儿整日在水果摊玩耍、帮忙搬东西，我也不会有一丝怜悯。因为我觉得比起那些父母不在身边，或者父母整日争吵不宁的有钱人家的孩子，这个小姑娘是幸福的。生活对她或许是艰辛的，但是家中那一盏亮起的黄色的灯和灯下一家三口围着小桌子吃火锅的身影，是对幸福最好的诠释。看着他们的日子一天天好起来，由衷为他们高兴；那些驱车从他们身边经过，驶入安逸住宅区的人，不一定比他们更幸福。

然而，从去年冬天起，这一切改变了。女人生了二胎，还是一个女儿。从那时起，我几乎看不到男人在摊位上忙前忙后了，只看到女人抱着刚满月的孩子在外面给客人拿东西、收钱，男人在屋子里面嗑瓜子。冬天，女人的手上全是冻疮，孩子在女人怀里哭泣，不知道吃进去多少冷风。天暖和一点，女人一边抱着孩子喂奶一边招呼客人，男人依旧在屋里看电视、吃水果。我最近一次去她那里，看到一下子来了几拨客人，女人招呼不过来，而大女儿又不能安抚住一直哭闹的小妹妹，女人于是骂起了孩子。死猪一样躺在沙发上的男人腾的一下蹿起来，冲着那女人的头踹了几下，一边踹一边嘴里还骂着很难听的话。客人们一边劝着，一边离开了。你说我们以后还来买东西吗？想支持他们，买点东西，又觉得来这里就是给这女人添麻烦，而且看到她一天比一天憔悴的脸，和对客户越来越恶劣的态度，索性算了。

就在这样的生活里，女人仍没有离开的勇气。只因她贪恋泥沼里的温暖，贪恋这个男人带给她的所剩不多的一点温情，哪怕更多的只是回忆；贪恋她想象中的安全感，哪怕拳脚相加都已经发生；贪恋这个生父带给孩子的所谓的圆满，哪怕他的身教言传只会让女儿们对婚姻产生恐惧。

不要说一个卖水果的乡下女人，现在我们身边有多少受过教育，有着优渥收入和靓丽外表的女人，也一样在泥沼一般的生活里打滚。痛苦了，快要窒息了，扑腾一下，翻个身，打个挺，再一头扎进不见底的泥潭里。

我的读者里有一位女士，长期在我这里咨询，每次见我都数落一通老公的不是：和秘书好上了，彻夜不归了，和情人在外面租房子了，给情人买车了，给情人升职了。

每一次，我都告诉她，如果你真的不能忍受这种三人行的生活，就要做出改变。你的先生吃定了你不能离开他，所以才会这样肆无忌惮。你是企业中层，养活自己足够，未来还有大把事业可以追求。你漂亮优雅，你还有孩子，不至于孤独。如果你敢于对现在的生活说不，勇于追求新的人生，你的丈夫或许会因为惧怕失去而回头。

可每当我说完这些，她话锋一转，又开始说老公的好处：不管怎么样，他晚上还是会回家的；不管怎么样，他还是孩子的爸爸；不管怎么样，家里大的开销都是他拿出来的。

于是，无话，告别。

直到有一天，她哭着对我说，这一回，他老公彻底搬出去和女秘书同居了。

《聊斋》里有一篇，说一个女鬼与一个男子相好，男子的家人排斥她，羞辱她，她仍然"忍垢为好"。忍垢为好，多少女子，就是这样无望地忍耐着。忍出一个外表光鲜但里子荒芜的家。没有温情，没有尊重，甚至没有声音的家。如果有声音，那也不是沟通的声音，而是指责、命令、辱骂、嘲笑……

其实，很多女人不敢做出改变，并不是真的舍不得离开泥潭，而是对于未知的恐惧。她们不够决绝，不够果断，不敢独自一人去面对未知的明天，宁肯与狼为伍，都不愿孑然矗立人间。但是，当你抬头看一眼天，哪怕只是一眼，你看到外面即使没有金窝银窝，但起码不再是泥窝，未来就算没有人爱你，但也不会再有人挥起手臂随意抡向你的时候，你就会有勇气做出改变。

走出泥潭，只要一念之转。未来，不一定是更加美好的人生，但一定是更加美好的自己。

暖男修炼秘笈

暖，是懂得，不是放肆；暖，是爱，不是宠；暖，是彼此回应，不是祈求施舍。这一切，都建立在双方平等站立的基础上。比肩而立，互相倾慕，抱团取暖，携手而行。

近年来，暖男大红，姑娘们毫不讳言对暖男的渴望。为什么中国女人这么喜欢暖男？物以稀为贵，实在是中国的暖男太少了。

暖男少，和中国几千年妻以夫纲的社会伦理有极大的关系。一方面，男人们从生下来就习惯了高高在上，即使恋爱的时候溜须拍马，一结婚马上进入丈夫模式，任你是多么骄傲的公主，结了婚成了我老婆，也必须低眉顺眼。另一方面，中国女人受封建思想的流毒贻害，自然生成了一种对伴侣特有的渴望模式，她们真的从骨子里希望有个男性能征服自己，从精神、肉体到物质，全方位地让自己心悦诚服，温柔谦顺。

这种你情我愿的相处之道，倒也相安无事了几千年。即使现在，依然很多人甘之如饴。我有一个朋友，硕士学历，高中老师，有知识有文化有收入，可骨子里还是一个裹着小脚的小女人。每次我们聚会都要先请示老公，老公同意才能参加；自己赚钱也不比老公少，可是家里家务全包，美其名曰：厨房不是男人应该去的地方。

在这种形势下，是不需要暖男的，男人只要高大上，女人只需仰望。

后来，这世道慢慢变了，女人越来越强，经济上越来越独立，精神上越来越强大。一部分男人依旧贪恋着夫权，在摇摇欲坠的权力宝座上赖着不愿意退位；一部分男人则迅速沦陷为萌宠小生，赖在亦姐亦母的女强人怀里撒娇卖萌。而这种病态的胜利，也不是女人想要的。再强大的女人，也希望下雨的时候有人为她撑伞，天冷的时候有人为她裹上毛毯。再独立的女人，也会在孤独的时候需要一个男人的陪伴，注意是男人，既不是高高在上的爹、领导、崇拜偶像，也不是趴脚底下的小狗小猫。

暖男，在这个时候应运而生，不早不晚！暖，是懂得，不是放肆；暖，是爱，不是宠；暖，是彼此回应，不是祈求施舍。这一切，都建立在双方平等站立的基础上。比肩而立，互相倾慕，抱团取暖，携手而行。

所以，暖男的姗姗来迟，不光是因为中国男人懂事太晚，还因为中国女人自觉太慢。还好，这一天，终于来了！

暖男，首先是懂得。多少男人，娶老婆的时候，看她年轻貌美、乖巧懂事、孝顺贤惠就娶回了家里，觉得这种女人娶了回来，既有体面，又无后患。这种找老婆的方法，其实和去电器城买一个性价比一流的电器没什么两样。有些男人从来不屑研究电器，只要知道 Power键在哪里就可以，对老婆也一样。他们没有心情，也没有时间去了解爱人喜欢什么，讨厌什么，心里真正的需求是什么，一概不知。通常情况下，这个行为有一个特别冠冕堂皇的理由，忙！事实上，人的时间精力都是有限的，人们总会在自己认为值得的事情上花时间，那些对你说没有时间的男人，或许对别人吃什么饭、读什么书了如指掌。

不懂，没有关系，不懂可以读，一遍不行，再来一遍，读你千遍也不厌倦。最可怕的是，对方根本不屑懂你！觉得这不在他的工作或者婚姻范畴内。

试想一下，你貌如天仙，却天天和一个不愿欣赏你的"瞎子"在一起生活，就如同和另一辆不在一个轨道上的火车在一起，好像彼此能看见，但永远没有交集；或许有一天，就分道扬镳，渐行渐远。

暖男，会知道欣赏。欣赏是建立在懂得的基础上的，没有懂得，何来欣赏？都说女人的容颜靠爱浇灌，这浇灌里，赞美功不可没。因为来自母亲的遗传基因，安吉丽娜·朱莉患乳腺癌和卵巢癌的几率颇高。有一阵子她憔悴失重，瘦骨嶙峋，甚至变得神经兮兮。这个时候，她的丈夫皮特每天坚持吻她、赞美她，与朋友在一起的时候，时时处处以她为中心，用最甜美的赞扬包围她。最终，朱莉振作起来，选择切除隐患极大的乳腺，重获健康。乳房，对于普通女人来说都如命根子一般不能割舍，对于性感女神来说，破坏乳房，犹如自掘坟墓。而朱莉却如此勇敢地做了这个决定，因为她有强大的精神支撑。她的丈夫用最大的欣赏和赞美告诉她，无论如何，她都是天下最美的女人；任何时候，他和孩子们都爱她需要她。比起她能健康长久地留在他们身边，其他事情都微不足道。

虽然不是每个女人都拥有安吉丽娜的美貌，但每个女人都绝对拥有可以被欣赏的优点。如果她真的一无是处，那请放过她，而不是追上她，再贬低她。有些男人不喜欢赞美自己的伴侣，甚至还要打击她。这绝对不是因为他的女人不好，而是有两点原因，强烈的自负及不可告人的自卑。自负来源于封建文化的荼毒，认为男人永远要高高在上，不能给女人一点抬头骄傲的机会；自卑则来源于对自己的不自信，潜意识里也知道自己并没有给女人满足感，怕女人自我感觉良好会不安于现状。这种情况下，成熟的做法是调整自己，以匹配日益美丽的妻子，而不是打击她，让她永无翻身之日，自甘屈就于一个不那么幸福的家庭。

暖男的欣赏，在你消沉时，是夏日的骄阳，让你重拾信心、释放光芒，就像皮特对朱莉做的那样；在你开心时，是春天的风，和煦温暖，就像某一天你陪孩子玩耍时，不经意回头，却发现他正笑眯眯地看着你，说你是天底下最美丽的母亲；在你成功时，是秋季的天空，澄净舒朗，无论外面如何浮躁嘈杂，一转身，便有一片秋高气爽，地久天长。

　　总之，有那么一双眼睛，好看，明亮，只为你停留，看到你疲惫的身体里面跳跃的活力，捕捉你平凡的外表下非凡的美丽。这不是幻想。

　　真的爱，是懂得尊重你，让你做自己。

　　暖男，始终懂得尊重。很多年前，我还是一个小姑娘的时候，曾经历过这样一件事。我在深圳的师兄被分手了，他年轻有为一表人才，对人体贴细心；世俗的物质条件也 OK，深圳户口，毕业没几年就在深圳南山区黄金地段有了两房一厅。我们都很纳闷他女友为什么不要他了。直到有一天，他请我吃了一顿饭。当时我点了一碗小米粥，点完餐去了趟洗手间。等我回来以后，服务员端上来一碗紫米粥。我说点错了啊，服务员说没有。师兄说，我觉得小米粥不好吃，这里的紫米粥特别香，我帮你换了。我当时味同嚼蜡地吃着那碗紫米粥，心里嘀咕着，难怪你女朋友不要你了，和你在一起，连点一碗粥的权利都没有啊！当时的理解也就到此为止。到了今天，我可以准确地说出来，这个男人，对伴侣，不够尊重。这种情况肯定体现在他们生活的方方面面。

　　另一件事，我有一个漂亮能干的女朋友，她告诉我，她老公做得最令她感动的事情，不是给她买房买车送花送包，生病了陪她去医院，生娃时熬夜伺候月子，而是对她说过一番话。当她生完孩子，在高薪工作和辞职在家带娃之间犹豫的时候，她征求老公的意见。她老公说：我欣赏你的工作能力，也喜欢你在家做贤妻良母的样子。总之，你选择。哪一种选择让你更开心，我都支持！这故事是不是很耳熟，是不是让你想起了那个"你想我白天变成美女还是晚上变成美女"的童话故事？

一个公主，新婚之夜，问她的丈夫："我一天只能有一半时间是美女，另一半时间是女巫。你希望我白天是美女，还是晚上是美女？"她的丈夫回答说："由你决定。你喜欢白天是美女就白天当美女，你喜欢晚上是美女就晚上当美女，我尊重你自己的决定。"于是，公主选择了白天和夜晚都是美女。所谓一天只有一半时间是美女，只不过是她对丈夫的一个测验。丈夫的回答让公主非常满意。这就是尊重。

弱者虚张声势，强者选择尊重。暖男就是这种温润如玉，外表谦和，内心强大的好好男人。

暖男，懂得宠爱，必须有爱。《甄嬛传》里有一句台词："一个男人，宠而不爱，是对女人最大的侮辱。"宠而不爱，就是高兴的时候一掷千金，不高兴的时候电话关机，如同帝王一样，我可以封你皇后贵妃，也能叫你冷宫面壁。总之，宠的出发点，是男人自己，一切凭着他的喜好心情，是单方面情绪的表达。而爱，是双方的互动，是彼此的聆听交融，是关心对方真正的内心需求，给她以回应和温暖。而不是只看着自己的锅下菜，有金洒金，有情滥情。现代社会，皇帝没有了，但是以皇帝心态把老婆当宠妃的皇帝病还是有的。今天有空了，说几句好话；心血来潮了，张罗着去哪儿玩一下。当老婆真正需要他的时候，却以各种理由拒绝。所谓的理由，无非是没时间，没心情。到头来还要说，你看我对你挺好的，你自己不识抬举。对于这样的人，一句流行的话送给他，女人需要男人，有时候就像飞机迫降的时候需要降落伞，如果这个时候你没有出现，那么你永远不必出现了！

而暖男，就是飞机迫降时候的降落伞，天晴的时候变成太阳伞，下雨自动变雨伞。他的宠，他的爱，都是当时当下，以你最需要的样子出现。

暖男，爱江山，也爱你。年轻的时候，姑娘们是不是都做过这样的梦，就像《大话西游》里面的紫霞仙子一样，期待着自己的梦中情人，是一个盖世英雄，有一

天，他会脚踩七色的云彩来娶你。有些姑娘，确实等到
了。但是，当她们期待的大英雄从天而降的时候，她们
忽然发现，他要拯救的是全世界，而这世界里，居——
然——没——有——你！这种男人太多了，孝顺老人，
关爱朋友，寄情手足，胸怀大志，悲天悯人……各种好
处都占全了。你被感动了，你被征服了，可你忘了，就
算他爱全世界，但是不爱你，有什么用？哦，不要说，
一个男人对其他人都那么好，对你肯定也错不了！哦，
还真不是！这绝对是个天大的谎言。事实上，恰恰相
反！对于一个心智不够成熟，而又悲天悯人的大好人来
说，他很容易把和你的小情小爱放在他博爱金字塔的最
底层，甚至连垫脚石都不如。在他的庞大家族面前，你
们的小家连喘息的机会都没有；在他的宏伟人生蓝图里
面，儿女情长没被当作绊脚石一脚踢开已属侥幸，你还
期待他拉着你的手，你侬我侬？如果你没有圣母情结，
准备连同自己一起奉献给伟男的人生理想和博爱事业，
那你趁早抽身而退，小兔快跑。

　　而暖男，不要求他爱江山更爱美人，但最起码，在
他的人生里面，你一定是他最重要的那一部分。没有你，
赢得全世界也没有意义；有了你，即使失掉全世界，也

可以蜗居陋室，为你画眉。

此文招恨。多少一掷千金、送房送车的骄男们一定特别憋屈，觉得自己花了很多钱，费了很大劲，怎么就不能赢得女神归呢？劝你不要着急。只要你仔细阅读，逐条领悟，加以实践，一定能修炼成暖男界的高富帅。从来有钱不是缺点，暖男界不歧视有钱人。矮矬穷也一样具有成为暖男的机会。

至于女人，如果你一不小心找了个骄男、冷男、宠男，或者其他各种中看不中用型的男人，那么，请你先自己修炼。等你修炼出一个强大的自我，经济和精神都能独立的时候，无论你多少岁，无论你处于什么阶段，你都有两条路可以选：

改造他

Or

换掉他！

不爱了，
说分手有那么难吗?

有相当一部分情况，分手最后是女生提出来的，但是姑娘们
却还是觉得是自己被分手了、被抛弃了，失恋后痛不欲生，
以泪洗面，还有的返回头又去哀求男友复合。
是姑娘们太作吗? No，是一些男人太狡猾。

看到一朵花凋零，小女人伤春悲秋，暗自垂泪;女汉子会径直走过去，视而不见;而大女人，会愉悦欣赏花开的美好，坦然接受花期的结束，并始终保有对下一季花开的希望。

经常接触失恋的女孩子，我发现一个很有意思的现象，有相当一部分情况，分手最后是女生提出来的，但是姑娘们却还是觉得是自己被分手了、被抛弃了，失恋后痛不欲生，以泪洗面，还有的返回头又去哀求男友复合。

是姑娘们太作吗？No，是一些男人太狡猾。

明明已经不爱了，明明已经厌倦了，明明已经想离开了，但相当一部分男人却不愿意说出"分手"这两个字。他们会用迂回的战术来达到脱身的目的。

比如冷落。

不主动联系，也不接电话，不回短信，实在被姑娘们堵在家门口，也是一句"忙""没时间""没心情"。他们用这种方式让女孩受挫、难过、失望，直到被折磨得发疯，最后主动吼出："我们分手吧！"姑娘们在非理性的情况下，不自觉地运用了兵法，置之死地而后生：一方面希望自己的后撤能唤起男人对自己的珍重，重燃爱的火焰；另一方面也是想挥刀为这段破碎不堪的感情做个了断。但结果往往不能如人所愿，男人们像得了大赦的令牌一般挥袖而去；女人们则抽刀断水水更流，只能在深夜里独自舔舐伤口。

比冷落还可怕的是消失。

这往往发生在两个人的交际圈子没有融合的情况下。忽然之间，这个男人消失了：电话停机，社交网站将你屏蔽，QQ、微信将你拉黑。曾经耳鬓厮磨的恋人，忽然就从这世上蒸发了！仿佛他从来没有来过，仿佛你就是做了一场梦，梦醒了，连吻痕都没有留下。

我见过最夸张的消失是：一个女孩和男友恋爱两年，男友对她非常温柔，好得不得了，两人也同居了。忽然有一天，完全没有任何征兆的，女孩下班回家，发现男人的东西统统不见了，打电话已经停机。女孩从来没有去过男友的单位，男人也没有带她见过家人朋友。这女孩就完全被遗弃在一片孤岛上，叫天天不应，叫地地不灵。之后日子之艰难可以想象。

后来，一个偶然的机会女孩了解到，这个男人在美国有妻子，他当时在公司的驻华办事处工作，任期结束，回美国总部履职。多么狗血！哪怕在已经准备离开的关口，这男人居然还可以不动声色地与女孩吃饭聊天，温柔亲热。这真不是故事，虽然我多么希望它是。

比消失更虚伪的是装圣人。

我都是为你好；我实在是太穷了，不想拖累你；我买不起房子，怎么和你结婚；我还要奋斗几年，不想耽误你的青春；我配不上你，你能找到更好的；爱一个人不是为了占有，而是为了让她幸福，我如此爱你，所以我要离开你……

不管说什么，总而言之一句话，我都是为了你；我不是要和你分手，而是要送你去更美好的未来。

比装圣人更残酷的是软硬暴力。

不说分手，但折磨你。精神上虐待你，横竖挑刺，冷嘲热讽，打击你的自信，摧毁你的人格，让你和他在一起的每一分每一秒都备感压抑、自卑、痛苦；肉体上虐待你，动不动拳打脚踢。大脑神经控制语言行为，嫌弃到如此地步，他还是不愿意主动和你分手，就等着你不堪受辱，自动离去。

说个分手有那么难吗？对一部分男人来说，是的。

一、不愿意承担责任。

在这一点上，我更愿意相信这是男人的天性使然，而不想把他们定义为狡猾的坏蛋。中国男人，受到母亲的溺爱，很多人在骨子里还是一个小男孩。我还是个孩子，多好，孩子做什么事情都不用负责。喜欢什么就拿起来，不想玩了直接扔到地上。

虽然当今社会对于情爱的认识水平有了大幅度提高，不再会指着不爱了的那一方大骂陈世美，但从心底里，面对对方的深情和长久以来的付出，说出"分手"的确倍感压力。更何况，一旦提出分手，后面发生的事情完全不在自己可以预知和掌控的范围内：决堤的泪水，要死要活的纠缠，没完没了的麻烦，说不定还有危及安全的极端行为发生。在这种情况下，选择逃避成了一种生物本能。

二、脚踩两只船。

有些男人是这样的，自己曾经拥有过的东西，即使已经不喜欢了，有了新欢，还是希望可以继续保持所有权；只是这所有权里，最好只有权利，不要有义务。

大学里有个女朋友，男友和她说，暂时分开一年吧，没什么原因，彼此都冷静一下。女生一次一次去找男生，男生一次一次地安慰她，从来不拒绝她的投怀送抱，但再也不会牵着她的手在人前把她当女友。每一次亲热完了，说的还是那句话，我们暂时分开一段时间吧。

直到有一天，这男生的室友路见不平，仗义执言，对这女孩说：你别傻了，别再来找他了。他有新的女朋友了。他没有对你说，就是觉得这样可以脚踩两只船，你也不会找了新男友来刺激他，毕竟你是他的初恋。

三、永远为自己留后路。

曾经爱过，你一定也是有着吸引他的可爱之处，一下子放手也有些舍不得。不把话说绝了，也为了将来如果兜兜转转还想回来，留一条退路。我们辞职的时候，不也想给公司留下个好印象嘛。山不转水转，以后的事情，谁知道呢，多个爱人多条后路。

不管什么原因，不说分手，都是为了男人自己，绝对不是害怕伤害对方。这种不清不楚、拖泥带水的行为，带给女孩的伤害其实更大。心理学家对于如何疗愈失去亲人的痛苦，给的第一条建议就是正视死亡。同样的，对于失恋这件事，最重要的就是直面分手的现实，不要在幻想中梦游、沉醉，越陷越深。

爱情是一场荷尔蒙的盛宴，你不能控制它什么时候来，也无法掌握它什么时候走。当爱已不在，而你又已经决定要离开，请拿出一个男人的担当，大胆地说分手。当然，婚姻是另一回事，婚姻更多的是承诺、责任和契约。我们现在单说恋爱。

不会说分手？小莉教你！

你的诚意需要包含以下几个要素：

第一，表达歉意。这个是必需的，是礼貌，也是真诚。

第二，责任人是"我"。我想要分手，而不是其他。不是你不够好；不是你需要找一个更好的男人；不是我觉得你想分手了不好意思说，我来替你说；不是你妈给我压力太大；不是我妈不喜欢你。

第三，意愿。一定是真实意思的表达。确实不想，不愿意，不喜欢了。没有情非得已，没有身不由己，没有言不由衷。

第四，结果。分手了，不见了，永远终止恋人关系了。不是暂时分开一段时间冷静一下这种含糊不清的结局。

还不会？那就更直接一点，给你几个经典句型拿去用。

抱歉，我不想再见了。

对不起，我不爱你了。

我们分手吧！

男人是用来爱的，
不是用来依靠的

————

这世界上有一种人，乐于在痛苦中寻找存在感，喜欢在折腾中体味浓烈的爱恨。这样的人，动刀动枪，白天抹脖子上吊，晚上缠绵拥抱。他们自有他们生活的乐趣，但大多数人恐怕消受不起，尤其是有孩子的家庭。

很多时候，我们以为是我们的关系出了问题，但其实是两个人本身就有问题。

我们希望对方是自己缺失的那一角，给我们以圆满；我们希望对方是专治我们的药，给我们以疗愈。

但最后你发现，你面对着比一个人的时候还要复杂的问题。当两个饥渴的人走到一起，只会更加饥渴；当亲密无间使对方卸下伪装，彼此性格的缺陷暴露无遗；当曾经让他怜香惜玉的弱点，变成了平凡生活里让人嫌弃的赘疣。你觉得你好像还爱他，你觉得他好像还爱你，但你们就像两个手持尖刀的傻瓜，无法靠近，靠近必伤人。

你和他一起歇斯底里，暴跳如雷，你们就会向着无尽的深渊滑去，直到爱恨的潮水把你们一起吞没。

这世界上有一种人，乐于在痛苦中寻找存在感，喜欢在折腾中体味浓烈的爱恨。这样的人，动刀动枪，白天抹脖子上吊，晚上缠绵拥抱。他们自有他们生活的乐趣，但大多数人恐怕消受不起，尤其是有孩子的家庭。

对于孩子来说，什么叫良好的生长环境？不是豪宅豪车，不是国际学校，不是纯有机食物，不是全进口日用品，而是平静、稳定、和谐的家庭氛围。性格决定命运，平和理性的性格为孩子过上普通的幸福生活奠定了最坚实的基础。如果你像我一样，并不指望你的孩子从炼狱里开出绝色的花来，只希望他拥有凡人的幸福，那么就请给他以宁静。

一位咨询了我很久的读者给我发信息，她的先生又因为一点鸡毛蒜皮的小事和她起了争执，而后愤然离家。

他们两位，大学相识，彼此初恋，双方没有外遇，还有孩子，家里经济条件也不错，但这日子就是过不下去了。

先生的脾气越来越差，非常暴躁，并且常常疑神疑鬼，怀疑妻子在与其恋爱前，与班里其他男生恋爱并发生过关系；怀疑岳父岳母买房子的钱是妻子从家里的财产中转移的私房钱；平常日子里也是两三句不和就当着孩子面"出口成脏"，动辄拳脚相向。

妻子非常痛苦，也感到非常无奈，觉得自己已经尽力做一个好妻子、好妈妈了，却无法让丈夫满意。

我的这位读者朋友只看到了他的先生是如何对她的，却没有看到他是如何对自己的。在我的询问下，她看到这个男人对自己也一样残忍。他工作压抑，事业不顺，没有朋友，不爱运动，抽烟酗酒，闲暇时候喜欢卧床。他的多疑和自卑并非只是体现在家庭生活中，在与同事相处中，他一样有着轻微的被迫害妄想症，非常情绪化，一点小事就会让他暴跳如雷或者消极沉默。

当妻子意识到问题的根本不在于丈夫对她的不满，而是丈夫对自我，或者对自己的人生感到失意，她更加不知所措了，似乎连抱怨的资格都不能再有了。

你该怎么办？

改变别人是很难的，改变自己相对容易。

帮助别人之前，需要先做好自己。坐飞机的时候安全提示里都说，给别人戴氧气面罩前，先戴好自己的，不管对方是谁，父母，子女，还是伴侣。

所以，你首先要做的是成为一个快乐的、强大的人。只有自己强大了，才能影响别人，每天都跟一个"受气包"似的，被一个情绪化的男人牵着鼻子走，对你好的时候你以欢笑回馈，对你糟的时候你以泪水抗议，这一秒平静日子还没把一杯茶喝完，下一刻茶杯都已经打碎在孩子的面前。

真正的强大不是声音更高，力气更大，动作更浮夸，而是理性、平静、包容。用理性对抗情绪的恶魔，用平静化解怒火，用包容解开怨恨的枷锁。

你是你的救星，也是他的药！如果夫妻之间，需要一个人更理性，那个人应该是你；如果你们之间，需要一个人更坚强，那个人应该是你；如果这段纠缠，需要一个人更慈悲，那个人应该是你；如果这段缘分，需要一个人为它种下善根，那这个人应该是你。

事实上，女性更细腻，更柔韧，更勇于自省，面对现实。而男人在这个社会上面临着更多的压力，他们对自己有着更多的自我要求，现实往往不允许他们直面自我。从这个角度讲，两性关系中，女人主动担当，成为强大的那一个，也是天性使然。

不要说"我这么强大了，要男人做什么"，男人是用来爱的，不是用来依靠的。从来不会不让你们爱，而是不让你们用错误的方法去爱。

你说："如果我理性了，强大了，心不再乱了，也不再疼了，可还是没有办法让我们一起携手怎么办？"

我只能说，佛度有缘人，你已经尽力了。

药这种东西，可以治病，不能治命。

　　披上洁白的婚纱，和相爱的人携手走向婚姻的殿堂，从此以后，相依相伴，风雨共度，执子之手，与子偕老，恐怕是每一个女人的心愿。我想男人也一样。大多数人在结婚的时候，都抱着要幸福地生活下去，白头偕老的信念。

　　然而，当我们真正步入婚姻，会发现花前月下的浪漫一旦落到锅碗瓢盆的日子里，就变成了一地鸡毛蒜皮的琐事；水晶鞋一旦脚踩人间大地，就难免沾上尘土。

　　我们抱怨，彷徨，甚至感到失望。

　　其实，婚姻没有我们想得那么好，也没有我们想得那么糟。

Chapter 3

婚姻没那么伟大，
　单身没那么可怕

　　婚姻是一所大学，是一个修炼场，夫妻二人，因着缘分和爱走到一起，在这个修炼场里，完成自己一生的功课。

　　在修炼行走的过程中，我们希望始终牵手，始终相伴，但如果一方走得快了，另一方就会跟不上。也许在某个岔路口，就会分道扬镳。

　　人们总希望爱情永恒，婚姻不变。然而，这世界的本质就是变化。无常才是永恒之真理。良好持久的婚姻不是两个人原地不动，彼此紧握。而是在一起往前走的过程中，同频同步，共同前行，共同成长。

怎么对待伴侣，
照见你最真实的人品

也有人说，家就是让你发火的地方，你在家里不发火，去哪里发火？我们为什么对亲近的人不好，那是因为我们爱他。这是最无耻的强盗逻辑。因为我爱你，我就拥有杀了你的权利？

最近和一位做企业的朋友聊天，他说他每次招聘高管都要请对方的太太或者老公吃饭。我说你什么都学西方，这个也学？他说不是学谁，主要是觉得确实有用。通过对伴侣的观察，通过对他们之间相处模式的观察，可以得到很多信息。说得直接一点，从这个人对待伴侣的细节上，你能看见他最真实的人品。

如果一个人对待伴侣傲慢无理，基本可以断定他的修养不够，公共场合都这样，他们私下相处的情况更不可想象。这样的人可能在某一方面比较优秀，可以走到今天的位置，但他的格局气量决定了他不会有更大的发展。这样的人未必是坏人，可以用，但不会重用。更进一步，如果这个人如此对待伴侣的同时殷勤谦逊地对待饭局里的其他人，这种人绝对不用，这不仅是修养素质问题了，明摆着就是表里不一的笑面虎，人品有极大问题。

我说你吃顿饭就对人下定论未免偏颇了吧，他说一顿饭确实不能完全判断一个人，所以他公司经常举办员工家庭聚会。原来公司家庭聚会还有这样的作用。各位，以后别光顾着吃喝玩乐，小心背后盯着的 HR 和老板的眼睛。

回到家中，面对伴侣，是一个人的真我时刻，灵魂和肉体一样真实。你回想一下回家的过程，当车行至小区的时候，院子里孩子的嬉笑打闹声让你之前在谈判桌上绷紧的神经放松下来；当你打开家门，放下公文包，脱下大衣，换上家居服的时候，你感觉自己像一个从战场上回归的士兵慢慢地找回了人间气味；最后当你拿起遥控器窝在沙发上开始无意识地胡乱换台的时候，你已经彻底变回了张三李四那个最真实的自己。这个自己和学历无关，和职位无关，和社会声望无关，和收入无关，很多时候，与这个自己最息息相关的是遥远小村庄那个光着屁股抓泥鳅的小男孩，或者旧日胡同里那个在阳光下篦头发的小姑娘。

为什么你对伴侣冷漠？因为你本身就不是一个热情的人，在演讲台上的激情四射只是为了吸引目光以达成自己的商业目的；在朋友圈中的热情活跃，即使没有金钱的企图，潜意识里也是为了把自己塑造成一个让人崇拜的人。而对于伴侣，这个某种意义上已经坐实的固定资产，既没有增值的可能，也没有失去的顾虑，额外的投资对你来说就可能是一种负担。

为什么你不愿意说我爱你？即使你明明知道说这一句能让对方开心。因为你本身不是一个乐于付出的人。赠人玫瑰，手有余香。有些东西，做了能让对方高兴，自己也没什么损失，可当短期的回报不存在的时候，你本能地拒绝了这种利他的行为。你在慈善晚宴上仗义疏财，却对自己的伴侣如此吝啬；你对员工的冷暖关怀备至，却对伴侣的需求不闻不问。无论对错，夜深自省，哪一个才是真实的你。

有人会说，这是因为没有爱情了。然而爱情并非善待他人的必要条件，即使没有爱情，面对一个立下过契约的生活伙伴，如果你心中真实存在的东西是善良，是为他人着想，是害怕别人受到伤害，你也能规范自己最起码的言行。没有花前月下，琴瑟和鸣，也能举案齐眉，相敬如宾。而另一方面，爱，也并非解决相处之道的万能良药。很多感情非常纠缠的夫妻也过不好日子，并不是他们不爱对方，而是他们的真实自我处理不好夫妻之间的关系。

也有人说，家就是让你发火的地方，你在家里不发火，去哪里发火？我们为什么对亲近的人不好，那是因为我们爱他。这是最无耻的强盗逻辑。因为我爱你，我就拥有杀了你的权利？既不合逻辑，也不合情理。同时，这也是一种懦弱和无能的表现，为自己的不思进取寻找拙劣的借口。

真实的并不一定就是好的，埃博拉病毒很真实，但它会要人命。只能说真实的东西，具备变好的前提条件。这和要研发抗病毒的疫苗首先得拿到病毒结构是一个道理。所以，有一句话非常好，家是修行的最好场所。

我们无须为那个真实的灵魂感到羞愧，因为世界上没有一个人是完美的。应该羞愧的，是不知改变的傲慢和惰性。

他辜负了全世界，
凭什么只对你好？

———

恋爱是短暂的，而婚姻很长；相逢是喜悦的，分手却艰难。选一个人品过硬的人，不但能保证这一生有一个稳定的表现，也能确保万一走到缘尽的那一天，双方还能体面退出，平静生活。

昨天，有读者向我诉苦，离婚了，老公四处说她的坏话，把一些只有他们二人之间知道的秘密到处传播，让她困扰不已。

也有很多读者感慨，离婚离到最后，感情已经没有了，两个人无非都是在为经济利益做斗争。

分手了，离婚了，反目成仇、兵戎相向的事情太多，很多人到了分手的时候，才看清楚身边睡着的那个人，到底是个什么模样。

在一起的时候，被爱情冲昏了头脑也罢，为了讨好对方而有所掩饰也好，恋人们所展示出来的，总是好的一面。而当琐事挤压了恩爱，积怨抵消了浓情，时间褪下了伪装，最后的最后，情已逝，缘已尽，两个人走到了分手的境地。这个时候，双方表现出来的气度、宽容、温情，才是最真实的人格的体现。所谓水落石出，人品必现。

情侣之间的事情，非常繁杂，清官难断家务事。两个人因爱而聚，在一起的时候，为了更好地相处下去，或许还曾讨论一下对错，调整一下彼此的需要，到了分手的时候，再打压对方抬高自己，实在没有什么必要。更何况，你是什么样的人，就会遇见什么样的人。满世界大喊大叫对方是个烂货、傻X、人渣，除了证明自己是个拾荒专业户，还想证明什么？

这个时候，事实本身已不重要，重要的是双方采取的态度。有的是受了伤害，还保护对方的大度男人、女人；也有的是得了便宜还卖乖，倒打一耙的小人。

有一对夫妻，他们有着共同的朋友圈子。他们郎才女貌，生活幸福，有一个粉雕玉琢的可爱女儿。他们是圈子里公认的幸福家庭。忽然有一天，男人开始在朋友圈里大吐苦水，怒斥自己的老婆好吃懒做，虚荣无度，更甚的是婚内出轨，拿他的钱养小白脸，离婚前想方设法转移财产，幸亏被他及早发现……于是很多人都给男人投上了正义的一票，将他前妻拉黑。

直到有一天，在一个偶然的聚会上，他们中有人遇到了他的前妻，从她的嘴里听到了另外一种说辞：这男人因为童年经历，极度自卑，不许他的漂亮老婆和其他男人说话，监控她正常的社交生活，在家庭开支上极其吝啬，一吵架就不给生活费。因为女人全职在家带孩子没有收入，实在没办法，才想到刷信用卡套现，以维持一家老小的生活。这老小包括了男人的母亲、女儿，还有男人自己。

事实真相到底如何，外人不得而知。但最起码，这个女人没有满世界去散布丈夫的不是。不知道男人在向别人说自己的老婆如何下贱的时候，有没有想过，这个女人也是当初穿着洁白纱裙被他迎娶的新娘，也是他宝贝女儿的亲生母亲。

激情、浪漫、甜蜜……这些东西具有不确定性和时效性，而人品却是伴随一个人终生的本质，说白了就是一个人的本来面目。

有一些傻姑娘认为，一个人就算人品不好，就算他辜负了全世界，只要他对我好，就够了。你有没有想过，他对你好，那是因为他现在多巴胺和去甲肾上腺素分泌得比较多，等这些东西折腾一阵子，消停了以后，你就会变成全世界中的一个，那时候，他对全世界的态度，就是对你的态度。

大学的时候，我一个朋友交往了一个男孩，这个男孩当时有一个从高中时候就开始恋爱的女朋友，那女孩在另一个城市上大学。也许是近水楼台先得月吧，短暂的暧昧之后，男孩与我朋友正式成为恋人关系，与前女友彻底分手了。

本来嘛，男未婚女未嫁，这也算不得什么大事。但接下来这男孩做的一件事，却让人大跌眼镜。这男孩为了讨好现任女朋友，居然把这几年他和前女友的往来书信全部交给我朋友，让她随意翻阅，并且愿撕愿烧随她处置！我当时就对朋友说，这恐怕不妥。对之前的感情这样不负责任，对前女友这样不尊重的人，恐怕不是什么好人。朋友不以为然地说：那是他没有遇到对的人，和我在一起一定不会这样，他就是最好的那一个。

然而好景不长。仿佛中了魔咒一般，一年后，这男孩劈腿，所作所为与之前如出一辙。他将我朋友与他的恋爱往事向对方和盘托出，将她送给他的礼物、他们之间的书信等一切见证过他们爱情的物件全部向新欢进贡以表衷心，在大小场合极尽对我朋友诋毁和侮辱之能事。

恋爱是短暂的，而婚姻很长；相逢是喜悦的，分手却艰难。选一个人品过硬的人，不但能保证这一生有一个稳定的表现，也能确保万一走到缘尽的那一天，双方还能体面退出，平静生活。

而我也希望有缘读到这篇文章的朋友，在心里对自己说：我希望能找到我的灵魂伴侣，与她／他共度此生。如果真有一天，我们实在不得已要分开，我也会替她／他保守所有的秘密：那些我们赤裸相对的坦诚时刻，那片记录下过往美好的爱情花园，那个深夜里褪下刚强、颤抖着的单薄背影，那段遥远而痛苦的卑微往事，那块光鲜外表下难以启齿的暗伤，那处一招致命的要害所在……

因为我们曾如此深爱。

当爱已成往事，沉默就是最好的道别。

甘做爱情的俘虏，
就别奢望 TA 的尊重

一个人想控制你，必定会将你的缺点无限放大，
甚至对你的优点也嗤之以鼻。从根本上讲，
他是想摧毁你的自信，以便于控制。

朋友如愿进入了一家著名的会计师事务所，准备重操旧业，去干她喜欢的工作，我们俩小聚庆祝。席间，她略有哀愁地对我说："我老公为这个事情很不高兴，他希望我在家做全职太太。他赚的钱足够养家，而且他特别忙，经常世界各地飞，如果我也上班，恐怕会耽误照顾孩子。"我安慰她，没事，他就是不适应，抱怨一下，你以实际行动告诉他，你既能安排好工作，又能照顾好孩子，他就能放心了。朋友还是眉头不展："恐怕没那么简单，他说以前觉得我们俩是一个人，是一体的，现在

忽然觉得我们分开了，我不再和他是一体的了。你说他这是什么意思？"

我恍然大悟，原来"忙啊""照顾孩子啊"都是借口，这个男人真正害怕的是失去了对妻子的控制！

所谓合二为一，是两个独立的个体，在平等的基础上，心灵契合，彼此交融。在这个合体中，女人应该和男人一样，具有思想和意识，而不是变成他的一条胳膊、一条腿。这不叫合体，这叫一方吞噬了另一方，这叫一方控制了另一方。

有一部分男人，总是试图控制女人，而这种控制常常被冠以最美丽的光环：爱！不要出去工作，因为我爱你，不想你那么辛苦；不要和其他男人接触，我是有点小心眼对吗，那也是因为我爱你；不要穿得那么性感，我不希望别人看到你美丽的一面，因为我爱你；远离那些朋友，他们会带坏你，我是在保护你……

这些戏码每天都在各种恋爱、婚姻中上演。一部分女人被爱的糖衣炮弹击中，不知道在口口声声的爱里面，包裹着赤裸裸的控制，就这样，你步步后退，直到无路可退。也许你幻想被人吞噬的结果是有一个温暖的堡垒，在里面安全舒适、幸福美满……这也是他对你的许诺。

然而，现实总是残酷的。人们对于一个可以完全掌控的东西，总是会丧失兴趣；人们对于俘虏，总是难有尊重。我们甚至都不能因此去指责一下男人，因为这不全是他们的错，人之本性。他一定不是想要爱慕你、追到你、拥有你、控制你，再嫌弃你。然而，一切就这么发生了。

控制和爱，总是以甜蜜的外表出现在你的面前，而且控制往往缘起于爱，控制中常常也包含着爱，于是这种危险，辨识起来非常困难，甚至连男人自己都分不清楚。一个简单的办法：在良好的两性关系中，你能从中得到滋养，活出越来越真实的自己，越来越美丽，你在其中是自由的、舒适的；而在控制中，你会感到压抑、不快乐，你总是在否定自己，你的能力、你的视野、你的圈子都在萎缩。

真的爱，滋养你，使你变得更好。

而控制型的爱，打击你，否定你。这世上没有完美的人，我们每个人都有缺点。一个人想控制你，必定会将你的缺点无限放大，甚至对你的优点也嗤之以鼻。从根本上讲，他是想摧毁你的自信，以便于控制。我曾经问过一个男性朋友，为什么有的男人在婚前喜欢夸老婆，在婚后对老婆就横挑鼻子竖挑眼啊？朋友笑了，你连这个都不懂啊？你们女人本来就自我感觉良好，再一夸，还不得上天了啊！

于是，你上班，他批评你不顾家；你在家带孩子，他嫌弃你不赚钱；你打扮，他嫌你乱花钱；你节俭，他说你太土。同样一句话，别人说出来是金玉良言；你说出来，他觉得是胡言乱语。你做的事情，他连看都没看，先从头到脚一盆冷水泼过来，非要逼得你无地自容，无处可去，只能乖乖在他身边，当他的俘虏，看他颐指气使，受他随意摆布。

有的女人结婚前挺优秀，结婚几年后连走路先出哪只脚都不会了，因为她老公对她的挑剔已经到了举步皆错的地步。有一位读者留言，她是全职主妇，最近抑郁了。因为她觉得自己能力一般，唯一有成就感的，就是亲手带的孩子特别出色。可是上次体检，她儿子比平均体重轻了一点，她老公劈头盖脸一顿骂：你有什么用，带个孩子都带不好！我儿子有你这样的妈，真是倒霉！你看看别人都是怎么当妈的……诛人诛心，这位老公确实是打击人的高手，没有什么比否定一个妈妈当母亲的资格更致命。

真的爱，更在乎你，而不是自己的感受。

好莱坞女星玛丽莲·梦露，有一张站在风栅上裙裾飞扬的照片，堪称永恒的经典。然而这张照片的笑容背后，却充满了痛苦与纷争。当时梦露的丈夫，同为好莱坞演员的迪马吉奥站在路边目睹了这过于性感的举动，男人的自尊让他无法接受。当晚，他暴打了梦露，并再次要求她退出好莱坞。结果，二人以离婚告终。作为丈夫和同行，迪马吉奥了解梦露的工作，也深知她热爱这份工作，更明白只有在演艺事业中，梦露才能展现她最璀璨夺目的光芒。然而因为男人的自尊，他要求妻子放弃事业。可能任何一个男人面对这样的事情，都会有同迪马吉奥一样的感受。但是真正爱对方的人，会把对方的快乐放在自己感受的前面。如果这件事情让妻子更开心，对于妻子的事业更有利，那就只能勇敢承担这份不愉快的感受，支持妻子的决定。

他阻止你去外面与朋友相聚，是担心你会遭遇风险，还是只因为他会因此不开心？他要求你不要去参加某些资格考试，是因为怕你太辛劳，还是担心你进步太快过于骄傲？当他阻止你出国进修的时候，是怕你会因此失去在国内发展的机会，还是畏惧你此去视野渐广……

其实，想要在男女关系中处于控制地位的男人，通常是因为没有一个自信坚强的自我。他们内心的不安全感，让他们总希望将一切控制在自己可掌控的范围内。一个拥有独立坚强自信成熟的人格的男人，他对待伴侣更加尊重和包容。

我们并不是要指责谁，或者埋怨谁，一切行为的背后都充满了人性本身的弱点和自身素质的局限。没有谁是完美的，也没有谁是完全恶意的。我们面对现实的目的是为了正视问题，解决问题，让两性关系朝着更好的方向发展；同时在双宿双飞中，个体也能成就更美好的自己。

你可以理直气壮地虚荣

是这样吗？真实的东西就一定要说出来吗？你的身体就是一副
骷髅加上一堆五花肉，你觉得这样的真实很美吗？

有这样一个故事，一个女人——一般人，谈不上多好，也不是坏人。嫁了老公，平凡度日，不是有钱人，但温饱有余。女人也算贤惠，就是有个毛病，爱慕虚荣，喜欢买 A 货名牌手袋。一日同学聚会，席间女人的新款 LV 手袋备受称赞，女人顿时满面春风。这时坐在女人身边的老公实在忍不住了，告诉大家："什么呀，她那是假的，几百块秀水街买的冒牌货。"女人当场就哭了。

不知道男人们看完这故事什么感觉，会为这个丈夫勇敢地揭穿了自己老婆的行为拍手称赞，还是会大骂这个男人。反正，女人看了大部分都认为那老公太不近人情（当时我专门看了评论，不是瞎说）。你的老婆，勤俭节约，舍不得买真 LV，买个假的哄自己开心，你不反省自己能力有限或者诚心不足，反而在众人面前给她难堪，真不知道他是打老婆的脸，还是打自己的脸。

这个女人的确虚荣，而且虚荣得很没档次。然而，人无完人，谁没有一点毛病呢？只要她没有虚荣到要卖身求荣，你就不能在众人面前大义灭亲糟蹋她到如此地步！

我想说的是，我们每个人都在或光鲜或平凡的表面下，带有一些不上台面的东西，有性格弱点，有行为偏执，有生活困境，甚至有生理缺陷。无论我们在人前伪装得多么巧妙，总有狐狸尾巴露出来的时候。很遗憾，这个暴露自己的地方，竟然是我们最应该施展魅力的所在，那就是在我们的伴侣面前。好的伴侣自然是以一颗宽厚包容之心接纳你，一般的伴侣会打击讥笑你，最垃圾的伴侣就如上文所述，在人前拆穿你，让你尴尬，看你出丑！

当你享受着大家对你身材的赞美的时候，他告诉大家你上周刚刚做过隆胸手术；当你在聚会上和新认识的朋友相谈甚欢的时候，他经意不经意地提起了他和前任的过往，好像这新认识的朋友对他有多好奇，非要掘地三尺不能满足似的，其实或许就是一面之缘，真不知道是何必。当然，也有女人让男人下不来台的时候。你的男人说最近真的挺忙的，话没说完，你就当人面打断他，忙什么忙啊，看他一天忙得屁股不着家，赚得还没有我多，不知道一天忙个什么劲！

总之，互相拆台、捅刀子、下石子的事总在上演。通常，这些人不仅不会觉得自己的做法有何不妥，还会站在道德制高点义正词严地说："这是实事求是！"他们觉得这就是真相，我只是说出真相而已，并不是要伤害你；真相就是真相，即使我不说，它也存在。你不开心不是因为我说了出来，而是因为你自己太脆弱太在意！

是这样吗？真实的东西就一定要说出来吗？你的身体就是一副骷髅加上一堆五花肉，你觉得这样的真实很美吗？人一出生就必定会死，你觉得在妇产科门上贴上这么一副对联，很美吗？

生命是一袭华美的袍，上面爬满了蚤子。活在这世界上，本来就充满了艰辛和各种不如意，谁都有无奈，谁都有短处，谁都不容易。所谓人艰不拆，就是一种仁慈。而作为最亲密的人，更需要像和暖的阳光一样包容自己的伴侣，爱护他，包括他最难以启齿的不堪和最深沉的痛苦。

永远独立是性感的灵魂

美丽精致是一种人生态度。当你习惯了自己的美丽以后，
即使一个人，你也无法容忍自己的丑；
就算在别人看不见的地方，你也不会抠脚丫。

大众有一种误解。总觉得小三一定生得千娇百媚，顾盼生姿；原配一定是人老珠黄，形容枯槁。

其实并不全是这样。我见过很多原配比小三要漂亮，甚至更年轻的。

老婆貌美如花，男人还是要在外面偷腥，最典型的就是某著名女星和其导演老公。

该女星脸蛋美艳，身材性感，要胸有胸，要腰有腰，要臀有臀，要腿有腿，还有作为明星的巨大光环，既能满足男人上半身的虚荣，又能满足男人下半身的欲望。

此等尤物在怀，可其丈夫还要花 800 块钱去嫖。

这究竟是为什么呢？

男人出去找情人也好，找小姐也好，要的是性，他需要在性感女郎的身上释放自己的性能量。那么问题来了，他们的老婆那样美，在他们眼里不性感吗？

所谓性感，是指一个人的身材相貌或穿着打扮或动作，总之，就是这个人，容易让对方产生性冲动。所以，性感绝对不能完全等同于美。虽然性感的人很可能很美，漂亮的人也更容易性感，但这两者之间并不能直接划等号。同时，性感也是相对于特定的对象而言的，有的人在一些人眼中看着性感，而在另一些人眼中则未必。中世纪欧洲的名妓羊脂球，迷倒了无数贵族男爵，但放在现在人眼中就是个胖妞；秦淮八艳之首柳如是，倾倒了一众江南名士，最后嫁给了大名士们的头头钱谦益，可在现在人看来，柳如是未免生的过于矮小，有发育不良的嫌疑。

所以，有时候大多数人眼中的性感美女，在她丈夫眼里则未必。难道那个男人瞎了吗？他的审美有问题吗？当然不是。问题的关键不是女人够不够美，而是她还能不能引起丈夫的冲动。

无奈人生若只如初见。再美的女人，一旦娶回了家里，成了固定资产，便在心理上失去了挑战。再好看的脸蛋，朝夕相对，也在视觉上产生了惰性；再丝滑的皮肤，再玲珑的身段，天长日久，都变成了左手摸右手。这时候，你还谈什么冲动呢？

所以，那些美丽的人妻，在大多数人的眼中是性感的，而在她们的丈夫眼里则未必。难道他们的丈夫瞎了吗？审美有问题吗？当然不是。问题的关键不是这些女人够不够美，而是她们还能不能引起丈夫的冲动。

认识到这一点，是为了分析原因，解决问题，而不是为男人出轨嫖娼找理由。有了性冲动就上，那是动物，不是人。虽然在某种程度上，人依然具有动物的属性，但既然我们衣冠楚楚地站在这里，冠以文化，寄予信仰，也必须对得起作为一个人社会性的那一面。

这是对男人而言，对他们提出的希望。那作为女人，其实也是可以做一些事情来改善这样一种"自家床上无美人"的局面。

一、保持美丽。

上帝造人，颜值不同，但没有丑女人，只有懒女人。当初老公把你娶回家，你就一定没有丑到让他吃不下饭、睡不着觉的地步。只要你保持身材，学会打扮，举止优雅，别放任自己往大妈的方向一路出溜，绝对可以让自己的外形保持在一个稳定的水平线上，当然，能上升更好。

二、美丽精致是一种人生态度。

有的女人，在外面打扮得花枝招展，一回到家就尽显粗鄙之相。随便的睡衣，乱糟糟的头发，残留的妆容，要是再加上抠脚丫子、打嗝放屁之类的举止，再炫目的女神也会变得粗俗不堪。你一方面想着，全世界的男人喜不喜欢你都不重要，最重要的是你老公要爱你；另一方面，却向全世界的男人展示自己的美丽，唯独回到家把粗陋难看的一面留给老公。某种程度上，老公难道不是你最应该以美示之的人吗？

不是让你回到家里还顶着盘发、化着浓妆、穿着礼服，而是即使居家，你也应该有居家的美丽风范。质地优良的家居服，性感的睡衣，干净的面容，得体的举止，把剪指甲、做面膜、龇牙咧嘴做仰卧起坐这些事情放在老公看不见的时段完成。站在他面前的，无论是穿着晚装，还是职业装，还是睡衣，还是运动衣；无论是化妆，还是素颜；无论是在社交场合，还是在厨房，都应该是一个香喷喷的可人儿。

你觉得这样虚伪吗？真不是。美丽精致是一种人生态度。当你习惯了自己的美丽以后，即使一个人，你也无法容忍自己的丑；就算在别人看不见的地方，你也不会抠脚丫。

三、走出去，让世界看到你的美。

在女人心里，全世界的男人怎么看她真不重要，重要的是她爱的那个人怎么看她。然而现实是，其他人怎么看你，往往影响到你的男人怎么看你。人在某种程度上是虚弱的，需要通过外界的反应来证明自己；人的本性又难免虚荣，需要通过占有别人想要而不可得的东西来证明自己的价值。当你对所有人都失去吸引力的时候，你对你老公也就没有吸引力了。

认识到这一点有点残忍，但这就是现实。当然，不是鼓励你出轨，而是要你赢得别人的欣赏，包括同性和异性。

四、总是提高，偶尔变化。

喜新厌旧是人的本性，不是让你为了博得他人宠爱将自己变成一个百变女郎，但不断地丰富自己，开拓自己未知的潜能，不管是对伴侣，还是对自己的人生，都是有趣和快乐的事情。

生活中，有些人三年五年都一个样子；而另一些人，学习能力强，积极进取，一年一个样子。见了前一种人，你会觉得，哦，你还是老样子，亲切热情，但内心不起波澜；而见了后一种人，你回家会和你老公念叨半天，甚至一周、一个月都念念不忘。你会想知道他（她）身上发生了什么，怎么起了这么大的变化，未来几年，他（她）又会变成什么样子，你对他（她）有好奇、有兴趣、有期待。

男女之间也一样。和几十年不变的爱人一起，就是例行公事，左手摸右手；和不断有惊喜的爱人在一起，就是打开魔盒，开启充满未知的奇妙之旅。

五、永远独立是性感事业的灵魂。

上面的四条都很重要，但有一条，是最重要的——永远独立。

如果说保持美丽是这项工程的基础，那么永远独立则是这桩事业的灵魂。

女人不是附属品，也不是取悦男人的工具。我们努力修炼，增加生活情趣，增进夫妻感情，不是为了讨好男人，而是为了提升自身修养的同时，提高家庭的生活质量，圆满自己的完美人生。因为丈夫、家庭、孩子，都是我们生命的一部分。我们有责任也有热情，尽自己最大的努力将它们做到最好。但我们也永远都不要执着于其中任何一项，成为它的奴隶。

想离婚，你够格吗?

我们可以不离婚，但我们必须时刻修炼自己不怕离婚的功夫。因为离婚不离婚，有时候也不是由女人决定的。我们不要等到离婚协议书摆在眼前的时候，才发现自己无路可走。

很多人咨询我要不要离婚的问题，一个女人想要离婚，得具备哪些素质呢? 听我细细讲来。

首先，经济独立。婚内的经济独立可以为你赢得尊严和地位，更为你赢得婚姻中的主动性。面对一个离了婚就毫无经济来源的女人，男人对她的优越感和控制力显而易见。他会认为，你根本不敢离婚。而你自己也会为未来的生活感到恐慌。所以，要想离婚先想想你是否具备赚钱养活自己的能力。如果有孩子，更要考虑清楚是否能承担孩子的生活、学习等费用。虽然离婚后，男方也会承担一定的抚养费，但这种承担和婚姻中的共同承担不是一个概念，尤其体现在心理上的不安全感和不确定性。毕竟，这个男人从此不属于你了，他挣的钱也不属于你了。

其次，生活独立。如果你和电视里演的一样，需要打电话叫前夫来换电灯泡的话，那趁早别离。当然，这样的女人是少数，这个问题体现在更多有孩子的女人身上。孩子三岁之前，需要专人陪伴看护；孩子到了三岁上幼儿园需要接送；上学以后更是有各种各样的问题：接送问题，孩子生病的问题，学习辅导问题……虽然离了婚，爹还是爹，娘还是娘，但客观上你无法再要求孩子的父亲像婚内那样可以早晚接送，随叫随到，晚上陪读，把握孩子成长的点点滴滴。单亲家庭，就是得既当爹又当妈，这和对方的责任感没关系，和亲子感情也没关系，这是离婚带来的客观结果，也是你的选择。你想离，这一切你都得想清楚。不要离了婚才发现人力资源少了一半。选择了，就要承担，承担不起就不要轻易动手。

最后，精神独立。精神上的依附比经济、生活上的依附让人显得更加被动。精神是否独立不完全取决于你的地位和财富，更多靠的是内心的强大和对自己生命的认识。

比如王菲，她独特，笃信佛教，内心世界非一般人可以比拟。但即使没有宗教信仰，你也要认识到，你的生命属于自己，你对自己的人生负责，你的快乐、幸福、痛苦、孤独，都由自己承担。你需要在漫漫人生苦旅中，找到生命的意义。夫妻，只是携手走在这条路上，而不是你靠着谁一起走。

所以，如果离婚以后，你不能一个人吃饭，一个人看电视，一个人逛街，一个人睡觉；如果你害怕孑然一身站在天地之间的那份孤独；如果你没有了为谁而活的目标就觉得生命没有了意义，你就不具备可以离婚的素质。

拥有了以上素质，你就具有了对现有婚姻说不的资本，你就有了摆脱现在痛苦生活的条件。当然，如果你还漂亮有魅力，聪明有智慧，对于开拓一份新的感情和婚姻有极大自信的话，那你就更有底气了。

此文并不是号召大家离婚。没有完美的婚姻，婚姻中都有各种问题矛盾，这是我们都需要修炼的功课。婚姻也是双方共同努力经营的过程，不能遇到一点挫折就轻言放弃。

　　然而，我们可以不离婚，但我们必须时刻修炼自己不怕离婚的功夫。因为离婚不离婚，有时候也不是由女人决定的。我们不要等到离婚协议书摆在眼前的时候，才发现自己无路可走。女人只有在男人面前，保持着不怕离婚的自信，才能拥有更健康快乐的婚姻。

人性本贱，
幻想毁灭的婚姻比第三者还多

你想象着你的生活是一盘棋，每一个棋子都能按照你的意愿站在它们应该站的位置，而你则笑着收官，坐享人生赢家。但到头来，你发现，你自己才是一个无名小卒，被架在各种将帅车里，身不由己，举步维艰。

放弃幻想。

不怕失去，才不会失去。感情就像沙子，你握得越紧越会从指缝溜走。人性如此，越是踏踏实实拥有的东西越不知道珍惜，越是得不到的越觉得可贵。贱吗？贱！但 Judge 是上帝的事情，我们只负责寻找规律，克服脆弱，获得宁静。

通常情况下，面对千疮百孔的婚姻，我们总想缝缝补补，破镜重圆。但意愿是一回事效果又是另一回事，南辕北辙的事情天天都在上演。越想靠近，离得越远，你越努力越让对方感到压力。你表现得越渴望和急切，越是暴露出你的底牌，你是那么不堪一击，你是那么害怕失去。

只有当你不执着于结果，坦然面对的时候，你的身上才能由内而外地展现出强大和魅力。这个是装不出来的，必须从心底里升腾出来。无欲则刚，当你放弃了对"他"的幻想，放弃了对这段婚姻的幻想，你才能真的披上金丝做成的软猬甲，无往不胜，所向披靡。

把注意力放到自己身上来。

感情是两个人的事情，婚姻又掺杂进来各方人马，各方感受，各方利益，连两个人的事情都不是了，变成了两个家庭，甚至两个家族的事情，七大姑八大姨都在调停之中。

人声鼎沸，生活如麻，从哪里开始，从哪里下手，你什么都想管，什么都想改变。你想让你老公能对你温柔一点，能更顾家一些；你想让你婆婆不要总是干涉你的家事；你想让你妈能多理解你，别老拿你老公和别人家的女婿攀比；你想让你老公的弟弟妹妹能自立自强，不要一点小事就给你老公打电话，有时候飞大半个中国，只为了给他们夫妻拉架。

你想象着你的生活是一盘棋，每一个棋子都能按照你的意愿站在它们应该站的位置，而你则笑着收官，坐享人生赢家。但到头来，你发现，你自己才是一个无名小卒，被架在各种将帅车里，身不由己，举步维艰。

事实上，你什么都改变不了，你谁都说服不了，至少在你自己变得美好和强大以前，你根本不具备影响别人的能力。

你首先要做的，是改变你自己，做好你自己。

有一个南方的读者，丈夫家里经营家族生意，公公是家庭中的最高长官，婆婆是大当家，家里的三层楼房由公婆出钱修建，一家子兄弟姐妹，连带着家眷儿女，都住在一起。公司里，公公是老板也是 CEO，家中兄弟姐妹都在家族企业里上班。她生了宝宝以后，就在家中带孩子，每天面对婆婆、妯娌、小叔子、小姑子，再加上自己生了个女儿，公婆多少有点重男轻女，在这种环境下，她患上产后抑郁，几近崩溃。

面对这样的家族，光理清各人之间的关系、利益、矛盾等，都得花上几天几夜。从现实的角度来讲，也不可能马上让这位读者和她的丈夫搬出去另立门户。

我的建议是，让她把注意力放到自己身上来。对婆婆恭敬，对其他人友好而保持距离；对于他们对她的反应，比如她说的不够尊重、不喜欢、指桑骂槐、冷嘲热讽，一概不听不问不回复。

她结婚前是一位钢琴教师，我建议她安排好孩子后重新出去工作。通常情况下，丈夫的经济条件足够支撑，妻子又有意愿做全职太太照顾孩子直到他上幼儿园，对于孩子来说，是一件幸福的事情。但他们家的情况不具备这样美好的条件。如果她再这样继续下去，孩子将面临失去母亲的危险，最起码是失去一个健康快乐的母亲。相比于这个更坏的结果，让保姆和婆婆带孩子则是相对较好的选择。

减肥瘦身，在外形上提升自己。这名读者本身学习艺术，气质很好，在恢复体形以后，略加打扮，在他们那个乡镇大家族里就显示出了卓尔不群的风范。

多读书、多交朋友开阔自己的视野，丰富自己的生活，从内在提升自己。

把注意力转移到自己身上来，一方面可以提升自己，另一方面在对自己的呵护、关注、疼爱中分散了大量的注意力，不再敏感于别人对你的态度，不再过分纠结于人际关系。

她后来告诉我，她每天忙着做自己的事情，回家以后又要保证亲子时间和质量，根本没有时间和心思去分析婆婆哪句话的内涵以及外延；目光从家里每人身上略过，完全没有时间多看一眼，更别提还能像以前那样读出他们眼神里是轻蔑还是妒忌了。

更重要的是，当她自己爱自己，当她的身体和心灵得到了好好对待以后，她从心底里升起的幸福感让她对周围的人有了更宽容和更友善的态度。而反过来，她的友好也换来了别人的良性反馈。

刚开始，大家对她的变化略有微词，但她坚持向自我观望，不理会旁人眼光，同时用实际行动让别人看到她在一天天变化，变美变开朗，并且把她的美好与别人分享：她会用工资给婆婆买礼物；会用自己的审美指导家中其他女眷穿着打扮；甚至有家里亲戚主动找来请她给孩子当钢琴教师。

不求结果。

当你放弃幻想，注重自我的成长和修炼，慢慢变得强大的时候，你可能面对两种结果。一种是你终于在修炼的过程中，达到了离婚所需要具备的条件，经济、生活、精神，都独立了，这时候你在婚姻中就掌握了主动权。另一种结果是你在成长的过程中，重新焕发了魅力，你的另一半在你的影响下开始改变自己，你们的关系朝着良性的方向发展。改变一个人是非常难的，改变的方法也绝对不是用眼泪乞求或者用大棒追打，而是通过你自己变得更好，带动对方由内而生地想要改变自己以与你匹配的动力。

虽然客观上有重生的可能性，但你主观上不能有这种期盼。在修炼的过程中，要抱着一颗"但求努力，不问前程"的心，你才能有一个好的心态，真真切切地向内观望。至于最后的结果，都是水到渠成的事情，刻意求之，反倒不可得。

这个过程是艰难的。但生活原本就是一场修行，婚姻更是修炼的道场。

钱锺书先生一语道尽婚姻的真相：婚姻是一座围城，城外的人想进去，城里的人想出来。其实，无论是城里城外，想进去还是想出来，都是基于对现下生活的不满意、不愉快、不幸福，所以憧憬改变。但改变以后发现，是另一场不愉快、不幸福。

所以，说到最后，一个人要修炼的就是自己。自己强大了，城里城外，都快乐，都幸福；自己幸福了，城里城外，都能给别人带去快乐和能量。

"老公出轨"处理说明书

发现老公出轨以后如何应对，这是一个大事。首先，不要急于行动，冷静一个礼拜。记住，当下那一刻你因冲动而做出的任何举动，事后都会后悔！

现代社会，婚外情成了婚姻第一杀手。每一个女人都有着"愿得一人心，白首不相离"的夙愿，但在漫长的人生路上，有时候，我们的婚姻会经历考验。我希望每一个女人此生都不要遇到老公出轨这样痛彻心扉的事情，但提前了解一下假如遇到这种情况如何应对，对自己，对伴侣，甚至对周边的姐妹朋友，也不是坏事。

发现老公出轨，摆在女人面前的第一个问题就是，要不要揭穿呢？

这里，小莉给你如下建议：

首先，不要急于行动，冷静一个礼拜。

发现老公出轨以后如何应对，这是一个大事。应该是理智思考，权衡各方利益，立足当下展望未来以后，再采取行动。

然而东窗事发的那一刻，你肯定如五雷轰顶，身上的每一个细胞都被嫉妒和仇恨盘踞，还有什么理性思考可言？

因此，建议你最少等一个星期以后再来做决定。这一个星期让怒火平息是绝不可能，但起码可以稍稍平复一下情绪，给自己多一点思考的时间。

记住，当下那一刻你因冲动而做出的任何举动，事后都会后悔！

最好提前对出轨有心理准备。

人非机器，不是按下暂停键就可以不发动的。为避免在关键时刻情绪失控，建议你提前对出轨这件事情做好一定的思想准备和预案。

你惊呼："开什么玩笑？好好的，让我幻想老公出轨？我老公绝对不会出轨！"

很遗憾，所有女人在发现自己老公出轨之前，都认为出轨这件事情离自己很遥远，觉得自己的老公，要么是对自己死心塌地、非常忠诚；要么是工作太累、心如死灰，对女人没什么兴趣。但有句话你应该听过：出轨这件事情，你永远是最后知道的那一个。

提前做好被出轨预案，并不是让你对老公失去信任，而是让你理性看待人性。关于"人性"，下面会详细阐述。提前做好被出轨预案，也不是让你对婚姻唱衰，而是让你用更积极的心态去保护你的婚姻；预防流感还知道打疫苗呢，难道打疫苗是在诅咒自己生病吗？提前做好被出轨预案，更不是让你杞人忧天，每天活在失去的恐惧里，而是对可能出现的天灾人祸有了预设方案以后，更可享受当下，无后顾之忧。这和做火灾演习、地震演习一个意思。知道了安全出口，不会让你睡不着觉只想逃跑，只会让你更加踏实地去睡。

如果你提前就对出轨问题有思想准备，并对婚姻中可能出现的问题有大概的解决方案，那么即使真有一天老公出轨了，你会更加淡定，不至于惊慌失措。

做出理性的决定。

发现老公出轨以后，大多数女人其实并不愿意离婚，但很多女人会以离婚作为要挟做出种种过激行为。所以我们会看到，很多人会经历一个相似的过程：发现老公出轨——暴怒——哭闹、扭打——喊着要离婚——等到老公真的烦了，离家出走了——开始懊恼——乞求——哪怕三人行也愿意，最后弄得一地狗血，处处被动。

因此，请严肃对待离婚这件事情，如果不是真的想离婚，就不要轻易把离婚说出来。

从生物学角度认识欲望和爱情，从社会学角度认识责任和婚姻。

思想认识对人的生活、情绪、行为有着最基础、最根本的作用。从思想上认清出轨的本来面目，才能从根源上拔出你内心深处的那枚钉、那根刺。否则，靠隐忍，靠宽恕，靠委曲求全，要么把你憋出内伤，要么你隔三差五旧事重提，一辈子折磨自己，折磨对方。

认识到爱情的时效性；认识到人这一辈子确实不可能只爱一个人；认识到出轨是人的天性这个让人难过的现实；认识到婚姻保护的不是爱情，而是法律关系；认识到两个人走到最后，是把情侣关系转化成亲人、盟友、伙伴。

不要扩大事态的影响。

不要到处找人倾诉，除非口风严谨的闺密。

一方面，别人的言论会对你的判断产生误导。这事情在你身上是非常大的事情，你在考虑事情的时候会三百六十度无死角地盘算；而对于其他人来说，并不是需要花七十二小时来思考的事情。而且他们也并不真正了解事情的真相，你在向别人叙述的时候本身也会选择性留白。这种情况下，他人的建议意义不大。

另一方面，越多人知道，无异于把一段只能暗夜里牵手的地下情，推到了阳光下，可能还会解除对方面对社会的压力。既然大家都已经知道了，索性不再隐藏了。

不要去找第三者理论。

很多女人在发现老公出轨后，都会有间歇性"臆想症"发作，她们想象着自己与小三当面对质。文明一些的，想着自己怎么用慷慨激昂的演说把小三骂得无地自容；彪悍者则想象着如何揪住小三的头发把她按到地上。

如果你不想离婚，请千万住手。

你要明白，在这场战役中，你最终想要取得的胜利，不是把小三打翻在地，而是让老公回到家里。你首先要考虑的人，是你老公。找第三者理论，会将犯了错的男人置于非常尴尬的境地，加速你们关系的破裂。

不要否定自己，男人出轨，女人无错。

不要否定自己，也不用去寻找自己有什么问题。你老公出轨了，某些情感专家和你老公，可以找出一万个理由来指责你：你是家庭主妇，说你失去了自我；你是女强人，说你不顾家；你比你老公优秀，说和你在一起有压力；你没你老公优秀，说和你没法共同成长，不值得同情。总之，你老公出轨了，问题在你身上。甚至很多小三指着老婆鼻子就这么骂，而有些女人居然被情感专家教育得真的回家面壁自省！

这种被害者有罪论，戴着貌似客观的帽子无情地戕害着女性，让她们在面临丈夫背叛的同时，还要遭受对自我的否定。

男人出轨女人有罪的论调，比出轨本身更可怕。面对出轨，客观平静地对待，女人还可以重新出发；而自信一旦被摧毁，那就是釜底抽薪，大厦将倾。

提升自己。

不否定自己，不代表不思进取，而是要在自我认同的同时，寻求提升。婚姻是双方的共同修行，也是牵手相伴的共同成长，只有两人始终保持同样的前进速度，才能一直走下去。

最后祝姐妹们都可以和心上人白头偕老！

　　对美貌的推崇和追求，是人的天性，从古至今，从未改变。审美标准和情趣，变化也并不大，环肥燕瘦，也都是在一个基本的范围内，还未见有违反传流审美的美女出现，古埃及女法老的棺材上面雕刻的九头身美女，和现在"维秘"模特的身材比例也并无二致。

　　所谓看脸的时代，只是现代人更坦然面对人性罢了。

　　美丽，对于女人来说，不是选做题，而是必答题。

　　然而，上帝造人，高矮胖瘦各不相同，有些人生来貌美，有些人相貌平凡。在我们25岁之前，这个差距非常明显，容貌的作用似乎也很重要。但随着女人年龄的增加，先天因素在我

Chapter 4

25 岁，
人生逆袭的开始

们的美丽中所占的比例在逐渐缩小。

　　有的是天生丽质，但后天不知保养，过早衰老的女人，也有的是先天不足，靠提高审美情趣，学习穿衣打扮最终逆袭的姑娘；有的是长得好看但举止粗俗的平庸之辈，也有的是容貌一般但优雅智慧的气质美人。

　　所有的美丽，都需要用心经营和塑造，才能保持长久的生命力。作为一个女人，如果你丧失了对美的追求，即便爹妈遗传给你的基因再好，也有红利吃尽的那一天；而对于先天条件一般的姑娘，25 岁以后，则是你不断逆袭的开始。

既然爱上了男神，
就要把自己变成女神

———

放任自己的情感肆意流淌而不管结果，那不是真爱，起码说明你爱他爱得不够，没有爱到为了他可以约束自己，哪怕夜里痛到心都要碎了，也要努力攥住，一瓣一瓣自己再拼上。

女孩爱上了男神。

几个月前的某一天，一个女孩在微问答上羞羞答答，胆战心惊地说："小莉姐，我爱上了男神。"男神高大英俊，阳光友善，和女孩同一所大学，是这所大学最好的系最好的专业里最好的学生，每学期一等奖学金获得者，直接保送了研究生，还是系足球队前锋，主力得分手，带球过人很帅！排除长相是主观判断以外，各方面条件确实不错。女孩自认为很普通，也在读研究生，但在中文系，用她的话说，既没有计算机系的彪悍，也没有艺术系的妩媚，她觉得简直就是个多余的分支。长相一般，162 厘米，62 千克，不会打扮，性格内向。我怕姑娘过于谦虚，要了照片来看，的确是典型的朴实无华型的女生，但五官其实是挺端正的，没有突出的缺点。这种情况要是放在小莉上的那种纯理工科大学估计也能有些关注，但在她所在的这所美女并不稀缺的综合院校，确实乏善可陈。

我问她准备怎么办，她说她也不知道。她的闺密建议她，爱要勇敢地说出来，女追男隔层纱。男神半年前和女友分手，暂时还没有女朋友，仰慕男神的女孩挺多，一定要先下手为强。我问她你出动了没有，她说还没。我长舒一口气，还好还好，千万别听她们的。

首先，女追男隔层纱这种事，那是在过去，男女授受不亲，男生一般真的是连女生手都没牵过，这时候如果有个女孩主动抛个媚眼或投怀送抱，估计男人很难坐怀不乱。现在是什么年代了，而且又是男神，一天到晚围着他的女生里三层外三层，先不说隔层纱隔层山，你得先跨越这些女孩儿，想想这有多难。更何况男神天天见的都是爱慕的脸，再多一张对他来说，你也就是 n 个女生中的某一个。

其次，客观条件放在这里了。你做一件事情的目的，不是为了完成自己的心愿，我努力过了，我无悔了，即使知道结果是失败，我也要去做。这不叫勇敢，这叫懦弱。因为你不敢正视现实，科学布局，努力奋斗，为了成功而战，而只是消极地去送死，只为了给自己一个交代。

最后，女人之美源于灵魂之羞涩。一个女人永远要记住矜持。尤其是面对比自己优秀的男人。御姐喜欢一个男生，尚可以主动示爱，那是一种自信和压倒，在这种情况下，男孩爱不爱自己已经不是最重要的，她更多的是拥有了向你公开挑战的绝对实力。而一个羞羞怯怯的小女生的表白，充其量换来男神的感动。那是感激、怜惜而不是爱。

那怎么办呢？我告诉女孩，你要努力，真正地努力，想要得到，必须付出。

努力忍耐！

忍住不给他打电话，不给他发短信，不给他发微信，不对别人说你喜欢他，不去他的宿舍楼下徘徊，不去他实验室门口偷看，不去捡拾他留在教室里的草稿纸。有时候，不做什么比做什么需要付出更大的心力！你要成功，就必须做到。放任自己的情感肆意流淌而不管结果，那不是真爱，起码说明你爱他爱得不够，没有爱到为了他可以约束自己，哪怕夜里痛到心都要碎了，也要努力攥住，一瓣一瓣自己再拼上。

努力变好！

爱上男神，就要把自己变成女神。你说你做不到，你说你先天条件不好，那 OK，你直接放弃就好了，如果不想放弃，请你努力。这个女孩在我的建议下开始做个人形象提升。首先是减肥，她参加了校健美操队，每天坚持锻炼，结合适当的饮食控制，两个月下来，减掉了十余斤，162 厘米的个头，55 千克，看上去舒服多了；拉直了头发，把随便捆扎的马尾变成了一头披肩长发，显得她端庄的五官秀气了许多；学会了穿高跟鞋；学会了化淡妆；了解了服装搭配的基本常识，穿衣服品位有所提升。这一切表面变化的根本，是开启了她的自信。这个害羞的女孩，由于拥有了自信，她的娇羞变成了一种矜持，而不是没有底气的自卑。

同时，她开始活跃于学校话剧团、文学社等多个社团。刚开始她在话剧团做编剧，后来我鼓励她自己上去演角色，现在她参演的剧目还被搬上了校外的正式剧场。她和男神也需要跨界对话，用才华对话。你们可以不在同一个领域，但你应该努力和他在同一个高度。这个高度不是用金钱、地位、掌声去衡量的，而是心的笃定和自我价值的肯定。

她重新审视自己的专业，挖掘自己的潜能和专业的契合点，对将来继续读博深造，还是硕士毕业后就去工作，开始了慎重思考和规划。做好自己，而不是在男神的屁股后面傻乎乎地去追随。

就这样了吗？就这样了！那男神什么时候会爱上我啊？就这样默默而精彩地生活在另一个世界里，怎么能相爱！

你要相信，冥冥之中，上天自有安排。你要相信，当你准备好一切，你和他之间就差一场久别重逢的惊艳！

某一日，你和他在转角相遇，似乎认识又似乎不认识，是故人又是新人，了解你又捉摸不清的时候，我不敢说他一定会爱上你，但他最起码会看到你，记住你，琢磨你。而在此之前的日日夜夜，需要你独自忍受思念的蚕食。你不能不断地骚扰他，时不时遇见他，而每次他看见你，又都跟没看见一样。只有这种时隔三日刮目相看的惊喜，才能触动他的神经。

终于有一天，女孩在微问答里对我说："小莉姐，我看见他了！！！"隔着屏幕，我仍能体会她声音的颤抖！我问她怎么样。她说，那天她路过操场，看到学校在办足球赛，男神刚好在踢前锋，她停下来观看，男孩在关键时刻灌入一球，他们系得了冠军。当时气氛很热烈，大家纷纷向男孩表示祝贺，啦啦队的女生表现尤为火爆。她转身走了，边走边给男神发了个短信：祝贺你，踢得很棒。发信息的时候眼泪都在眼眶里打转。很快，她收到了男生的回复："你在操场吗？在哪儿呢？"她说："我有点事先走了。"过了一会儿，男生回复她："很遗憾今天没看到你，好久不见了。"她说看到这条信息她泪流满面。

我问她，你今天漂亮吗？她说还可以。那为什么不见他？她说："我不想在他万众瞩目的时候去见他，好像我是个粉丝一样。"我在电脑这头给了她一个大大的赞！

　　我能体会那一刻，她得有多么大的克制力，不冲上去对他说一声祝贺。我能想象，当他收到男孩回复的短信，她是怎么用左手握住右手，忍住不去发送那一条：那我们一会儿一起晚饭吧。

　　我不敢说，女孩一定能成功得到男神的爱。爱，是一个无法解释的东西，除了你够美够好，更多的是要靠缘分。然而，缘分可遇不可求，在这一点上，我们什么也做不了。我们只能把握自己能够把握的东西，就是把自己变得足够好。话说回来，任何时候，把自己变成女神，都不是一件坏事。

每个优雅女人的背后，
都有孤独的修炼

———

你永远要记住，别在人前换鞋，别在人前补妆，别在人前排练。你出现在那里，一定是万事俱备，笃定自信的，而不是慌里慌张，四处救场。

一个炎热的夏天，你们盛装而来，只为赴我一面之约。

聚会前，我在微信群里说明，这次聚会，没有别的要求，就是一定要美，发型要美，衣服要美，妆容要美，心情更要美。

当天果然千娇百媚，美不胜收。

忽然大门开启，一位美女慌张跌入，拖着行李箱，拎着购物袋，我急忙迎上去。她见了我，喘着粗气急匆匆地说："小莉，我下了飞机就急忙赶来了，还好没迟到。

我得赶快换一下鞋，我平时都不穿高跟鞋，为见你专门买了一双。路上怕穿不好没穿。"说完，还没等我回应，坐在会所的沙发上就准备换鞋。旁边是一屋子谈笑甚欢的美女靓妇。

我急忙拉起她："亲爱的，别，别在这里。不要在人前换鞋。"

我带她到了旁边的贵宾室，关上门，请她坐下，为她倒了一杯水："不着急，坐一会儿，缓缓气儿。"

多漂亮的女人，卷发披肩，杏眼娇艳，穿着一件冰丝的裹身半裙，勾勒出江南女子娇俏丰腴的曼妙曲线。这么好看的人儿，怎么能当着一屋子人的面，慌里慌张，脱掉走了一路冒着热气的鞋子，把脚塞进还没有撕掉价签的新鞋子里面呢？

你就这么在人前脱鞋？你的指甲刚修过吗？颜色和衣服搭配吗？你的脚底有死皮吗？走了一路，会有异味儿吗？就算这些都 OK，你跌跌撞撞地进来，慌里慌张地换鞋，你的姿势美吗？会影响正在喝红酒的姑娘的味觉吗？你的气场对吗？会让流转着优雅和温暖的空气瞬间凝固吗？

等她气定神闲，坐在沙发上，稳稳当当地把新鞋从盒子里拿出来，打开包装，撕掉鞋底的标签，换好鞋子，在屋子里走了两圈。再照一照镜子，补一补口红，理一理头发，我拉着她的手，带她走入了人群中。

你永远要记住，别在人前换鞋，别在人前补妆，别在人前排练。你出现在那里，一定是万事俱备，笃定自信的，而不是慌里慌张，四处救场。

有一句话，台上一分钟，台下十年功。每一个优雅美丽的女性，背后都有独自一人的修炼和准备。往浅了说，出个门，从头到尾，你知道她要花多少心思打扮，从衣服的选择，到饰品的搭配，就算是信手拈来，也是反复练习后的水到渠成；往深了说，气质、风度、举手投足间的修养和优雅是多少岁月的沉淀，学识的支撑。

其实，"台上一分钟，台下十年功"这句话，在男女交往中，同样适用，尤其是恋爱阶段。有的女孩，一天到晚缠着男孩。她把所有的心思都放在男生身上，根本无暇关注自己。

她信奉的刚好是相反的信条，台下不练功，台上瞎晃悠。她时刻出现在男生的身边，但是，是以什么样的姿态呢？外在美丽吗？内在充实吗？

用更多的时间独处，用更多的时间关注自己，用更多的时间去修炼，把鞋换好了再出场。

去读书，去学习，以沉淀修养；去旅行，去社交，以开阔眼界；去健身，去美容，以增长颜值；去学化妆，去学穿衣搭配，以提升品位；去做自己喜欢的事情，以增加趣味；去工作，去奋斗，以拓展人生。

如果你，实在想在老公面前换鞋，那场景一定是这样的。

你于入暮时分拉上窗帘，在充满迷迭香氛的房间里为自己斟上一杯红酒，音乐飘过来，你嘴角扬起似有似无的笑。

而后你用练习了无数次的姿势缓缓坐在卧室的贵妃榻上，每一个侧身的角度，每一秒下落的位置，都刚刚好。

你抬起紧实光洁的小腿，带动着涂着酒红色指甲油的脚，把它轻轻地放在那双刚刚打理妥帖的9cm高跟鞋里，然后用食指轻轻一勾，你温润漂亮的小脚像小鱼一样滑向鞋子里面。

你抬起头，那烛光，照在你的脸上。

风月无痕，时光正好。

你花的钱，
全写在你的脸上

———

无论我们买什么，做什么，只要我们记得，这一切，
为的是自己，这个世界上最最独一无二、最最无价的宝贝，
为了她更好，更美，那就没有什么是不值得的。

有一段时间在深圳，一个好朋友邀请我去了她在香港的家，参观她一柜子的名牌包包时，发现有几只居——然——发——霉——了！我这朋友美丽能干，自己挣钱自己花，十年前在一家大公司做最普通的职员，靠自己一路打拼，现在已经做到了香港一家上市公司的中层，并且依然上进勤奋，经常参加各种欧洲不花钱的培训。这样一个美女，又住在香港这种购物天堂，爱买东西，那是自然。但买到一柜子的包包都堆不下，甚至到了发霉的程度，确实有点虐心。气氛顿时有些尴尬。

姐妹有点郁闷地说："我是不是不该乱买东西啊？你看我买了十年，到最后啥也没有，只留下一堆发了霉的破烂，那些衣服也是，有的就穿了一次，现在都不知道怎么处理，送到乡下去，人家都说太前卫了穿不了。"

如果这时候我说你可以去二手店处理掉，那绝对是作死的节奏，那和卖破烂基本是一个路数。我不以为然地笑了笑，拉着朋友站到了衣帽间的大镜子前面，对她说："你看到没有，你看看镜子里的自己，那么自信那么美丽，皮肤那么好，完全看不到岁月的痕迹，身材保持得也好，比十年前刚毕业时还要苗条。气质更不用说，优雅成熟、充满魅力。妆容打扮也无可挑剔。走在街上是一道风景，处身职场，是一种气势，回到家里，是最大宝藏。这就是你这十年 shopping 留下来的东西啊。不是一柜子的包，不是一屋子的衣服，甚至也不仅仅是着装的品位和对时尚的领悟，而是这十年你始终保持的对美的追求，战斗的士气、自信、快乐和不断向上的精气神。这十年，你花的钱，全写在了你脸上！这就是答案！"

朋友被我一说，乐了，连连说对，于是我收获了一顿丰盛的晚餐。

我的这番话，绝对不是安慰朋友的客套话，而是实实在在想对姐妹们说的真心话。无论我们买什么，做什么，只要我们记得，这一切，为的是自己，这个世界上最最独一无二、最最无价的宝贝，为了她更好，更美，那就没有什么是不值得的。

作为一个理科生，我又习惯性地开始用三点来阐述以上观点。

一、Shopping 可以让你保持一种追求美丽的状态，keep fit，keep beauty。这个太好理解了，当你时常流连于那些漂亮衣服丛中时，你自然不能放任自己的体重无限制地增长。因为现在的衣服大都是给身材苗条的姑娘们设计的。当然，你减肥并不是为了把自己塞进一条 S 码的裙子里去，那些衣服只是提醒了一个更美丽的你的存在。当你减到理想的体重，当你腹部出现了美丽的马甲线时，你可以一把扔掉那些当初让你励志的衣服，事实上，你现在什么也不穿，才是最美的！

这种美丽的状态，不仅仅体现在容貌和体形上，万物相通，当你穿着漂亮的小套装和细跟凉鞋，化着精美的妆容的时候，你自然不会张口伺候别人的二大爷，也不会允许自己的工作像化妆后扔掉的化妆棉一样乱七八糟。

　　二、Shopping 是最普世的情绪调节剂。如果说，运动、艺术、公益慈善等是最高大上的情绪调节剂，我举双手赞成，但 shopping 作为退而求其次的选择，适用于更多没有特别爱好的普通女人。比起暴饮暴食、找人吵架发泄、去酒吧买醉、离家出走、进藏入川等各路招数，shopping 除了要花点钱以外，简单易行，不伤害自己，不骚扰他人，不扰乱社会，无后遗症，退出成本低，且好歹还能落下一堆战利品。多好！

　　我有个女朋友，婆媳关系紧张，天天生闷气，自己脸色越来越难看，心里越来越憋屈，常常对老公抱怨，吵得老公也不胜其扰，整个家庭关系进入了一种恶性循环。后来她勾搭上了一个爱"造"钱的女朋友，这女朋友天天拉着她逛街买东西，吃喝玩乐不亦乐乎。现在她和婆婆的矛盾少了很多，用她自己的话说，她现在每天忙着琢磨买什么，买完了回来琢磨着怎么穿，穿完了忙着和朋友分享各种心得，实在没有时间和精力去分析她婆婆的眼神、脸色、言语的内涵以及外延，以前她可是一句话能反反复复琢磨几天，她婆婆放个屁她都能分析出分子原子来。而当她心情愉悦，脸上自觉不自觉地展现笑容以后，她发现婆婆对她的态度也有了变化。境随心转，你的心就是一个磁场，你发送什么样的电磁波，就有什么样的回响。如果花点钱，就能让自己变成一个正能量的发送器，像太阳一样发射温暖的光芒，何乐而不为呢？

三、Shopping 是励志神器！这个不用说了，刷卡刷到手软的背后，就是你得赚钱赚到抽筋。如今这个社会，你想赚钱，就得不断努力，不断提高，与时俱进地在这个社会上为自己争取一席之地，就算我们在乎的不是钱，但是我们不会拒绝一个具有赚钱能力的强大的自己。我一个朋友说，三十岁以前，她穿衣服总是想着别人觉得好不好看，现在，她想得更多的是自己喜不喜欢，她考虑更多的是怎么样成为一个自己想要的样子，而不是讨好其他人。比起二十岁，她的内心变得更强大和自信，这绝不是因为她比二十岁的时候更漂亮，也不仅仅因为她交了十年学费，学会了怎么穿衣打扮，而是因为今天的她，自信独立、事业有成。她的成功人生，让她对自己充满底气！当然这一切，都不是天上掉下来的，是她这十年用自己的脚一步步走出来的，好吧，说句你们爱听的，是她刷卡一步步刷出来的！

OK，即使你的理想是做一个优秀的家庭主妇，你也需要不断提高自己。首先，你得确保找到一个能付账的老公，而你是什么样的人，你就会遇到什么样的人；其次，结婚以后，女人的档次也直接影响到男人的素质，如果你想让老公能满足你日益增长的购物需求，你最好和他一起学习，共同成长，当你成为米歇尔那样的家庭主妇，你的老公就会成为奥巴马那样的提款机。

So，花自己的钱、老公的钱、亲爹的钱，买自己买得起的东西，买那些能让自己更漂亮、心情更愉快的东西，就去买吧！但是记住，我们始终坚持的一点：无论我们买什么，做什么，这一切，都是为了使自己更美好。

如果你买一个包包只是为了凸显它的牌子和标价而不是为了衬托自己的高贵；如果你为了追求名牌，入不敷出，四处借钱，心乱如麻；如果你卖身求荣，用身体换取物质的满足，那么对不起，你不在我所描述的姐妹里。

祝福送给那些美丽、聪明、勤奋、理智，喜欢shopping 但知道量入为出，热爱美好事物，但更热爱生活和自己，努力把自己打造成这世界一道美丽的风景的姑娘！

打扮漂亮的你，
比素颜的你更真实

我们对别人总是那么慷慨，对自己最亲密的人，却总是吝啬。我们见别人精心打扮，见自己人却随意敷衍。对此，我们有一个听上去特别高大神圣的理由——真实。

前两日看到一闺密在朋友圈晒自拍，化着精致的妆，穿着最新款的鞋子，配文："等你，快来。"

我评论道，你等的是个美女吧。她惊了："你怎么知道？"

我当然知道啊，见男人穿什么新款高跟鞋，他们哪里懂？

如果你以为现在女人打扮漂亮时髦都是为了去见男人，那你真的是 out 了。几个美女花枝乱颤地相拥着走来，才是现在时尚街头最亮丽的风景线。

而我也早在哪一天开始了这个习惯，就是见朋友，见闺密，一定要捯饬一番，不再胡乱抓件衣服就往外跑。

可能是有一次，我最好的朋友在我的 QQ 空间留言，你最近怎么老了，深深刺痛了我。我并不是为自己变老变丑伤心，那时候的我天天熬夜看孩子，变老变丑是一种成本，付出辛劳，收获成长，无可抱怨。我是为朋友的心疼感到心颤。我能感受到她看到我近照时的震惊和难过，也能体会她的那份心疼和不甘。曾经一起奔跑的少年，凝望着对方的背影，把彼此当作世界上最大的美人，看到身边的男友对她不够好，恨不得冲上去抽他一巴掌的女孩儿，不能就这么老了啊。当然年龄的增长并不是问题，这里的老，一定是一种状态，一种疲惫，一种对自己的疏忽和放弃，总体来说，就是状态不好。

还有一次我去香港拜访一位医生，时隔三年，我再见他，以前的英俊青年不知为何两鬓白霜。我回到深圳马上约见了一位几年没见的好朋友，我们感情笃深，但因为我离开深圳，大家都很繁忙，总是相约却总是错过。见她的第一感觉就是，还好还好，还是那么漂亮，看上去过得还是那么好。我们牵手承诺，以后每年最少都要聚一次，也好彼此有个适应的过程，不要几年不见，忽然见面，一下子觉得对方老了，受不了。也说好了，见面的时候，一定要漂亮。

　　我们对别人总是那么慷慨，对自己最亲密的人，却总是吝啬。我们见别人精心打扮，见自己人却随意敷衍。对此，我们有一个听上去特别高大神圣的理由——真实。"我就是要你看见一个真实的我啊！"其实，什么叫真实？素面朝天的你更真实还是妆容精致的你更真实？不修边幅的你更真实还是衣着得体的你更真实？口无遮拦的你更真实还是谈吐得体的你更真实？情绪失控的你更真实还是打碎牙往肚子里咽，再苦也要迎风微笑的你更真实？真实不是随性，也不是放任。真实就是你由内而外长久以来保持的一种姿态。

　　你偶尔打扮一回，像过年似的，那不是真正的你；你去见人才描眉画眼，精心装扮，那也不是真正的你；你天天打扮漂亮，即使出门遛狗，上菜市场买菜，即使在没有人的公园里散步，都要穿戴得体，久而久之，那便形成了真正的你。那个时候，漂不漂亮更多的是一种自我要求。等你从生理上对自己不美美地出门都不能接受的时候，打扮漂亮的你，比素颜的你，更真实。

　　我要美美地来见你。就是要给你一个真实：一个积极向上，有要求，尊重自己，也尊重你的我。

见客户，见生人，见一些有关紧要或者无关紧要的人，我们精心装扮，希望给对方留下一个好的印象，希望自己的形象能为自己所成就的事情加分。可对待我们亲密的人，我们就是那么懒惰地、任性地、自私地，随手抓件能遮风的衣服，拖双能行走的鞋子，蓬头垢面地就去了。因为知道无论我们怎么样，他们都会爱我们，对我们好；无论我们表现如何，也无分可加，因为他们能给予的已经毫无保留，倾尽所有，无须再加。

这样做，其实有点无赖。就像买东西时，缴费前的客户，销售都会笑脸相迎，缴费后，客户算是锁定了，销售反倒疏于接待了。

然而，锁定的客户虽然跑不了，但他选择了你就值得拥有你更好的服务和更多的附加值。爱定了你的朋友、闺密、伴侣、亲人，此生不会更改，但他认可你，爱着你，就配拥有更美好的你！

世界很大，来来往往的那些人，真正在乎你的有多少，真正为你的美丽和成功喝彩的有多少，真正为你老了丑了感到惋惜的有多少。你是在乎别人茶余饭后的一次闲谈，还是在乎那些真正爱你的人、关心你的人的心情？

我要美美地来见你。虽然我知道，无论我多脏、多
邋遢、多不堪，你都会爱我、要我、抱紧我。但是，你
配得上拥有更好的我。即使全世界的眼神我都可以不去
顾及，也一定要漂漂亮亮地站在你的面前，让你安心，
让你开心，让你骄傲！

无论父母、伴侣还是朋友之间，良好的关系都应该
是相互滋养而不是一味索取的。即便是婴儿，上帝都会
给他一张纯真无邪的脸和天生撒娇卖萌的本事，以使母
亲能在身心俱疲的时候得以安慰，继续奋战下一个深夜
和黎明。即便是年迈的父母，也会在年老之后获得岁月
的馈赠：豁达、乐观和人生领悟，这样的父母对于子女
而言，不仅仅是尽孝的对象，更是生命的良师益友。如
果什么也不能给予，关系虽然不至于崩塌，但另一方就
无法从中收获快乐。

有一个朋友，丈夫出轨，她非常痛苦，终日以泪洗
面，形象邋遢，四处倾诉。刚开始的时候，朋友们都好
言宽慰，随叫随到，家里的大门也随时为她敞开。可是
一个月过去了，半年过去了，一年过去了，她还是老样
子。朋友们再有耐心，也没有那个精力。朋友可以永远
接纳你，就算你一辈子这样，也不会嫌弃你。就算在心

里已经很不待见了，也不会忍心看着你坐在街边哭泣。但从另一个角度来讲，作为朋友，你一味沉浸在自己的烦恼和痛苦里面，你又为你的朋友带来了什么呢？你有没有发现她最近也有了烦心的事情？你有没有看到她因为照顾你耽误了辅导孩子的功课？你有没有察觉因为你，她总是爽约，她的男友已经颇有微词？

自私的人会任性，为别人着想的人则会约束自己的行为。不用心装扮的确可以偷懒，但你给朋友传递的就是这么个懒洋洋的气场，带来不了任何正能量。那个整日哭诉的女人，惰性和舒适夺走了她的理智，朋友的爱让她随心所欲，想不换衣服就不换衣服，想骂脏话就骂脏话，想撒泼耍赖就撒泼耍赖。对她而言，的确任性，可对别人来说，并不公平。

没有谁应该当谁的垃圾桶，没有谁应该当谁的收容站。你不能每次打扮光鲜地从朋友那里出去，然后再衣衫褴褛地走回来。

有人说，朋友不就是应该互相包容的吗？可你仔细想一下，那些终日以最舒适最放肆的面貌去见别人的人，他们其实并不具备包容他人的能力。因为他们的内心根本不足以强大到可以让其他人来依靠。所以在这种关系中，强大的那一方总是在做保护者，在付出；依赖于人的那一方，总是在依赖，在索取。

我要美美地来见你。因为我要爱护着我的你，也能感受到我的阳光和明媚！

亲爱的朋友

我要美美地来见你

我要在一个洒满阳光的春日

穿着漂亮的长裙

带着最甜蜜的微笑来见你

只因你是如此爱我

而我又怎能让你看见我的不美丽

亲爱的朋友

我要美美地来见你

生活的沉重有时也会让我无奈

内心的焦灼常常让我想要放弃

但是一想到你

想起你说过世界上你只认识一个小莉

我便决定再懒怠也要打起精神去见你

没有什么比一个健康美好的自己更值得投资

不是你不明白，这时代变化快。那个靠一张黑金卡就可以引无数美女尽折腰的时代过去了。姑娘们现在都能自给自足、经济独立、不愁吃喝了，也开了眼界，见识了奥巴马、普京这样的身居要职仍天天健身的男人，还会被你一句"我忙，我有钱，所以我可以丑"蒙得团团转吗？

有人说，中国女人放弃自己太早了。大意是说，中国的女人，年过二十五不再谈青春，年过三十不再谈年轻，年过四十不再谈姿色，年纪轻轻就放弃了对美好形象的追求。

哦，是的，我们深刻检讨，认真反省，洗心革面，重新做女人。

But——

我们可不可以对着那些挂着啤酒肚、头发油光锃亮、脑满肠肥、脸喝成酱肝色、边剔牙边露出志得意满的神气的男人说：你，你，你们，你们这些男人，你们放弃自己太早了！

如果说很多中国女人在婚后、生育后，走上了放弃自己的道路，那么中国男人，从娘胎里一出来，就一脚踏进了自暴自弃的泥潭。当然，本文仅指形象。

中国的男人一生下来好像就不需要形象似的，衣服的主要作用是蔽体，理发的主要功能是凉快，捎带着昭示下性别。生了女儿的妈妈们，还寻思着给女儿打扮打扮，梳个小辫，穿个花裙儿，生了儿子，就乐得偷懒不用费心捯饬啦。

话说年轻之美，清水出芙蓉，无须雕饰，我们很容易原谅一个小男孩的邋遢和不得体，三十岁以前还好。过了三十岁的男人，先不说大裤衩、拖鞋、两根筋汗衫多么让人不忍直视，单说这吹了气一样大起来的肚子，就直接可以把你的年龄层次提高到一个新的高度。目前获得这项殊荣的人群，年龄明显有提前的趋势。

女人再不爱打扮，大抵也知道保持年轻的容颜和好身材的重要性。即使不是每个人都能为之严格奋斗，最起码，身不能至但绝对人人心向往之。男人们则不一定，中国男人似乎觉得美只是女人的事情，男人只需有钱有权就能拥有一切。

当然，这个观念的落脚点在男人，但其形成的历史渊源，以及使其得以盛行的社会土壤绝对不仅仅在于中国男人。中国传统的男权社会的历史渊源，让男人处在一个至高无上的地位，他们不需要用漂亮的外表取悦女人。

当然，大多数男男女女，都还是正常的。但大环境如此，在这种价值观的影响下，即使是正常家庭的美貌小丈夫，也放弃了对自己美好身体的追求。哎，真是太！可！惜！了！

中国的现状，再也不是男人女人同龄结婚，十年后，男人依然年轻，而女人已经老了。正好相反！现在的女人，活得越来越励志，越来越愿意花时间和精力来保养自己、打扮自己、充实自己。放眼望去，身材苗条、妆容精致、穿着优雅的女人身边，常常站着一个不知道从哪儿冒出来的男人，面容模糊（胡子眉毛有时候长得没界限了，不好意思，只能这么形容），身材走样，衣着混搭，举止像大爷。我有一个美女朋友，说她老公在公共场合从来不愿意拉着她的手，她问他为什么，这个好男人诚恳地说："我觉得我的形象实在和你搭不上。"还有一个美女朋友的老公直接说："我觉得和你出去，我只能被当成你的司机。"好吧，这二位都大有希望，最起码认识到了自己的差距，祝福他们！但大多数男人还没醒过来呢！

不是你不明白，这时代变化快。那个靠一张黑金卡就可以引无数美女尽折腰的时代过去了。姑娘们现在都能自给自足、经济独立、不愁吃喝了，也开了眼界，见识了奥巴马、普京这样的身居要职仍天天健身的男人，还会被你一句"我忙，我有钱，所以我可以丑"蒙得团团转吗？

一个美女说得特别直接，她遇到大叔搭讪，区别恶意搭讪和善意社交的唯一标准，就是颜值！长得和吴彦祖似的，当然是善意，长得和《巴黎圣母院》里卡西莫多那样的，就直接报警了！

虽然，不是每个男人都能长得像刘德华一样好看，但起码，你可以面容整洁，身材匀称，衣着得体，举止绅士。一句话送给你，没有丑男人，只有懒男人。

聪明的男人已经在行动了。最近发现身边很多男性朋友开始健身、美容、打扮了，一个标准高富帅已经心甘情愿地贴上了美女太太送上的面膜。一个做天使投资的朋友，"天生丽质"，少年时超像林志颖，当我见到工作后发福的他，直呼容颜易老，不胜唏嘘。最近他开始重塑形象，连续 140 天记录自己的健身之路，瘦了几十斤，啤酒肚没有了，皮肤变好了，人一下年轻了 10 岁。他投资了 150 多个项目，但我觉得这次重塑形象工程才是他最成功的投资项目。没有什么比一个健康美好的自己更值得投资！

　　好吧，连万科地产总经理郁亮都成功瘦身，开始在时尚杂志搔首弄姿了！你还准备窝在沙发上，开着电视，刷着手机，养着啤酒肚，穿着懒汉衫，等着你的美貌太太把你一脚踢出门吗？

遇见你，
就是最好的时候

你在深夜里流泪，这是多么痛的领悟：他终于长大了，
可身边的人不是我。于是你大呼：爱得深，爱得早，
都不如爱的时候刚刚好。

那个 17 岁时闯入你心里的少年，为你戴上用草编的指环，用热吻替代了誓言，直到他背着行囊离开的那一天，你还以为他只是贪玩。你以为他会一直这样漂荡下去，你想你一定是输给了命运，爱上了一个流浪汉，就摆脱不了目送他远行的宿命。

忽然有一天，你听闻他收起了桀骜，变得成熟而温暖，曾经的浪子变成了愿意被驯化的牧羊犬。只是，那个拿着皮鞭的人，不是你。你在深夜里流泪，这是多么痛的领悟：他终于长大了，可身边的人不是我。于是你大呼：爱得深，爱得早，都不如爱的时候刚刚好。

然而，真的是这样吗？且不说结了婚的日子未必一定就是幸福，单说少年时候的那一份纯真，那一场血脉贲张的荷尔蒙冲动，那昏天黑地地爱得忘乎所以，那远离真实世界却无限抵达内心的，最缥缈而又最真实的爱情，就一定比不上现在这份充满了成熟思考和理性抉择的情感吗？

我有一个女朋友，在很年轻的时候爱上一个流浪歌手。这男孩很帅，高高大大，从大学辍了学，每天在女孩的学校门口摆摊卖唱。女孩每次路过都快乐地亲吻他，然后大笑着跑掉，高喊着："中午在食堂等我。"后来，女孩毕业了，有了不错的工作，她所有的收入，除了吃饭都用来补贴男孩子自己的乐队。男孩常常在深夜里自卑到一塌糊涂，又在黎明之时重拾信心。就这样不断地肯定，否定，尝试，失败，再尝试，女孩永远是他最忠实的听众。

不要觉得我讲故事的手法太老套，因为生活的确就是如此。男孩不负观众所望地出轨了，对象是一个普普通通的图书管理员。

女孩问："她哪点比我好？"

男孩答:"没什么,她不管我的事。"

"没饭吃也不管吗?"

"不管。和她在一起,很轻松。"

故事最精彩的部分在 10 年之后。当曾经的少女成了两个孩子的妈妈,生活富足而安定,忽然有一天听到了男孩结婚的消息,男孩最终也没有做成他的乐队,甚至没有成为一个在酒吧驻唱的歌手。他回老家重新参加了高考,并且在大学毕业以后通过了公务员考试,遵从父亲的愿望,被安排到了家乡的政府部门做了一个办事员。

女孩仰天大笑,继而低头痛哭。她说不是因为他娶了别人,而是因为他最后变成了一个自己曾经最讨厌的人。她说她很可怜他现在的老婆,因为她根本没有见过他最帅的样子。她说她永远不想再见到他。在她心里,那个少年,已经死了。

我拥抱着我的朋友,拥抱着她的伤痛,但没有说出下面的话:你不用可怜他的老婆。你享受了他的青春,而她,正享受着他的成熟。

人的一生,如一朵花开,从含苞枝头,到娇艳芬芳,从鲜花怒放,到绿肥红瘦,最后凋零入暮。什么时候遇到,什么时候爱上,什么时候缠绵,什么时候离开,都是写在我们的宿命里。选不中，改不了。

没有爱得早，没有爱得晚，没有所谓爱得刚刚好。遇见你的时候，就是最对的时候。

少年时遇见，匆匆那年我们见过太少世面只爱看同一张脸。篮球架下，穿着背心挥汗如雨的你；学校门口，一群穿着军装、晒得黝黑的新生中，身着白衬衫英俊的你，永远珍藏在我的专属空间。我知道，你那功成名就以后娶到的太太，无数次翻看发黄的旧照片，一次次问你靠在你肩上的那丫头是谁，为什么她笑得那么甜，打翻了醋坛子淹掉了整个空间。但无论如何，她也抢不走那个18岁的你，他属于我，曾经属于，永远属于。

青春时遇见，那是最蓬勃的你。每一根血管都被想法胀满，翅膀下轰鸣着机遇的风，时时刻刻要推着你一飞冲天。你也会在路边买一个烤红薯给我，一边剥着皮一边告诉我，看到了吗，就是那儿，在那个高楼上，我要有一扇窗户的灯，为你亮起。不管命运将我们推向何处，这一扇窗户的灯，永远在我心里亮着。

就在那儿

我将那时候的你，还有我自己

留在了那片光里

不增不减

不生不灭

如果有一天，我遇到的是那个成熟了的你。走过了爱情的繁花似锦，经过了生活的起起伏伏，等到风景都看透，让我们一起，看细水长流。

《阿飞正传》里，旭仔一手拿着烟，一手将苏丽珍按在墙上，两个人默默相对，僵持了一根烟的时间。旭仔说，你看到没有，这一根烟燃尽，刚好是一分钟的时间。这一分钟，你和我在一起。这一刻已经发生，永远也改变不了，这一分钟，我们在一起。

就是这样，你问我什么是永恒。爱过，拥有过，那一刻，就是永恒。

然而有太多的人，总是为没有参与的部分叹息。有人无数次在梦里与前任重逢，悲伤地从梦中醒来；有人听到前任结婚的消息，即使已经为人父母，依然感到心痛；有人家庭幸福，却总是不断地从各种渠道追踪老公／老婆历届前任的信息，从蛛丝马迹中体味过去的点点滴滴，与想象中的敌人一次次交手，一次次挫败……

说到底，就是我们太贪心。我们拥有了过去还想拥有现在，拥有了现在却抱恨没有拥有从前！我们太爱一个人，就想完完全全地拥有他。拥有他的每一分每一秒，参与他生命的每一天，恨不能他一出生就抱在怀里，直到老去。

放下执念，便是晴天

如何让你遇见我

在我最美丽的时刻

为这

我已在佛前求了五百年

我曾经以为最完美的爱就是在清纯的少女时代遇上你：最是那一低头的温柔， 像一朵水莲花不胜凉风的娇羞。后来又觉得成熟的女人最美，经历了生活的历练，更有了智慧的沉淀。

到现在我终于明白，人生日日如新生，你我日日如初见。遇见你的那一刻，就是最好的时候。

命运必会
厚待认真生活的人

事实上，有些人讨厌的不是现实生活，而是追求现实生活带来的辛苦，有些人迷恋的不是那些美好的事物，而是享受那些美好的事物带来的舒适。

生命，就应该浪费在美好的事物上。

这句话很多人喜欢，包括我。你想象着自己在每一个清晨自然醒来，窝在被窝里看着厚厚的窗帘猜测今天的天气。在把昨晚的美梦彻底回忆一遍以后，满足地到窗边一把拉开帘子，整整一窗子的阳光放肆地照射进来，从脸上一直暖到心里，于是就这么贪恋着这温暖，席地而坐在这阳光里，喝喝小茶，吃吃点心，慢慢苏醒；或者是一个阴天，那就让咖啡的香气弥漫整个房间，用屋里的温暖抵挡外界的阴霾。等睡意在这些仪式完成以后彻底散去，你开始或读书，或写字，或看看电影、写写影评，或做做手工、弄弄花草。

你还要去远足。像你少女时代的偶像三毛那样，背起行囊，把她走过的路全走一遍，夜里躺在撒哈拉沙漠上听一听，那些沙子到底会不会哭泣。

可现实是，你每天不得不在 7 点半的时候被闹钟虐醒，打仗般地洗漱完毕，化妆梳头，战袍加身，抓起一块面包一包牛奶，发动车子，投身到滚滚的堵车洪流中去。在污浊的空气和烦躁的情绪中穿行，间或还穿插进来几个电话，终于在一个半小时之后，你到达了公司。在紧张的抢车位游戏结束后，你照一照镜子，补一补口红，精神抖擞地走向电梯，假装你刚才不是经过了一场长途跋涉而是刚刚做完一个 SPA。接下来的一天，你或者埋头在一堆报表和数字里，或者厮杀在谈判桌上，或者强忍着怒火向客户解释哆来咪，或者浪费 10 万个脑细胞和老板软磨硬泡一项市场支持，或者苦口婆心地教导一个忠诚但笨拙的员工怎么完成指标。

更抓狂的是，你有可能还会接到家里保姆的电话，说妈妈的老毛病忽然犯了你得赶快回去一趟；也有可能会有幼儿园的老师通过微信问你，周末布置给家长的手工作业你怎么忘记完成了，今天是万圣节，就你家娃娃没有南瓜灯；甚至你那不省心的老公都有可能会发短信给你："老婆，我出差忘带身份证了，你能不能让保姆给我送一趟？"

直到有一天，你忽然听到有一个声音说：生命，就应该浪费在美好的事物上。

你可能说物质并不重要，是我们要的太多了。是这样的，每个人对物质的要求不一样，有的人需要 70 平方米的花园来支持他的田园生活梦想，有的人可能一个阳台就够了，关键是你自己要满意。如果你觉得睡在大桥下面看车来车往也很美好，那你尽可以享受这样的生活。这不是戏谑，国外很多街头艺术家就这样衣着干净地过着流浪的生活，物质简单而内心富足。

事实上，有些人讨厌的不是现实生活，而是追求现实生活带来的辛苦，有些人迷恋的不是那些美好的事物，而是享受那些美好的事物带来的舒适。做自己喜欢做的事情，只是给逃避现下痛苦生活的一个借口。

大学里有个男生，学的是通信工程，每天被各种魔鬼电路、计算机原理折磨得痛不欲生。本来这只是简单的厌学。面对繁重的功课，谁都不会喜欢。这个时候完成学业更多是一种使命，拼的是责任感和意志力，而不是兴趣和爱好（个别天才学霸除外）。可是梦想这种东西，这时候披着神圣的外衣从天而降。男孩的梦想是当一名画家，这个学科显然和他的梦想相去甚远。还好这个综合大学里面有平面设计这一个学科。于是男孩想尽办法要转系。原本大学里转系是很难的，但在激情与梦想的故事中，连学校领导都被感动了。男孩如愿以偿地进入了设计学院，远离了那些面目可憎的学科。然而非常遗憾，当兴趣爱好变成了必须完成的任务的时候，它就从原来美好的事物变成了恶魔。男孩最终也没有拿到设计学院的学位。

　　写到这里刚好想起了著名的乔布斯退学的故事，事实上乔布斯从大学退学不是因为学习太差，而是因为学习太好，连老师都觉得按部就班地学习那些他已经会了的课程对他是一种浪费。他退学后，继续留在了学校，广泛旁听那些他感兴趣的课程。他在学习上花费的时间和心血并不比毕业生少，相反，因为要走不寻常的路，他的付出更多。

　　鸡汤虽好，也得搭配碳水化合物和蔬菜，否则还是会营养不良。流行语虽好，但那就是一种理想的生活状态，因为难得，更显珍贵。如果以上内容还不足以让你撇开鸡汤上面的浮油看清碗底的现实，那么一位著名经济学家的话或许能给你更直白的启示。

"今日中国的90后，是这个国家近百年来第一批和平年代的中产阶级家庭子弟，他们第一次有权利、也有能力选择自己喜欢的生活方式和工作，甚至可以只与兴趣和美好有关，而无关物质与报酬。它们还与前途、成就、名利没有太大的关系，只要你喜欢。"

这段话解释得直白一点就是：现在的孩子，可以随便干自己喜欢的事情，有爹妈养你。

为女儿做出这样的表态的父亲很多，王朔说过，韩寒也说过。我能体会一个父亲的心情，也无意指责别人的教子哲学。人，从一出生就注定有所不同，谁都是站在父母的肩上看世界，无论是物质，还是精神。

但如果你的父母不是王朔，不是韩寒，你就不能这么干。我不能想象一个人说，我想去远方，然后扔下学业，带着父母给的生活费，潇洒地去看世界了，而他的父母却在省吃俭用地为他提供生活费和他去看世界的资金，用年迈的身体去为孩子拼一个未来的保障。

每个人都想跟随自己的内心，干自己喜欢干的事情，但为这种生活埋单的人，应该是我们自己。

我倾慕那些女孩子，她们有能力，有想法，追寻自己的内心，过自己想要的生活。

我更敬重这样的女子：她们把美好放在心里，却在琐碎家事和繁忙工作中，挥洒她们的汗水；她们向往诗和远方，也用心经营眼前的天地；她们内心丰盈，乐于付出，孝顺父母，陪伴儿女；她们把梦想当作现实生活的强心针，而不是逃避现在的安慰剂。

命运必会厚待那些认真生活的人。我已经看到，你们离想要的那个自己，越来越近。

给你最好的祝福
——千里共婵娟

纠结者自有纠结者的苦痛，智慧者却有着智慧者的开悟。一句"但愿人长久，千里共婵娟"，给出了最完美的答案。

人生在世，不如意事十之八九。能在中秋团圆之夜，与一切想见的人一起举杯邀明月怕是所有人的梦想，也是所有人的遗憾。总有一些人，远在千里之外。有一些，尚可通过电话问声好，视频见个面，还有一些，竟是此去经年，应是良辰好景虚设，便纵有皓月当头，更与何人说？

纠结者自有纠结者的苦痛，智慧者却有着智慧者的开悟。一句"但愿人长久，千里共婵娟"，给出了最完美的答案。这是中国古人对月亮最美好的诠释，没有之一！这是中国哲学家对时间、空间、精神、肉体最和谐的解构！

但愿人长久，是祝福，是对所有此生与我们有缘相逢、有缘相知、有缘相守或无缘相守的人的祝愿。当你的底线变成了人长久，那其他种种悲欢离合、爱恨情仇都如浮云般烟消云散。当你举目星空，皓月繁星，看着那些穿越了几十亿、几百亿光年才照射到地球上的星光，你会感知到人类是多么渺小。当你放眼四周，每时每刻都在发生着的天灾人祸，你会痛惜生命是多么脆弱。人长久，其实不是最低的要求，而是最大的祝福。

我有一个闺密，痛遭男友劈腿，初恋，八年。当我们愤愤不平，有朋友开始语出诅咒的时候，她泪眼婆娑地抬起头，用恳切的目光制止我们："不要乱说，我希望他一切安好，最起码平安活着。"只要他活着，就好。

我们常常在变故来临的时候放低底线，却又在生活平静以后，转头开始各种妄想各种作。为了过年回谁家大打出手的夫妻；看着手机上的一串电话号码无数次想拨通，又无数次按下的痛楚；身为人母人父还在想着的那个他／她；对于身处外地不能回家的孩子的各种埋怨；忠孝不能两全的左右为难；各种关系不能一一照顾的纠结痛苦……总之，人有悲欢离合，月有阴晴圆缺，人生不可能圆满如月，明月也无法日日圆满。如果不通达，受苦是必然。

千里共婵娟，是默契。在一个没有网络，没有E-mail，没有QQ，没有微信，甚至没有电话的时代，仅凭着意念，就可以与尔共赏一轮明月，完全突破了时间的跨越、空间的阻隔、肉体的障碍，是灵魂的交融，是精神的共鸣。其实，只要有这个默契在，有没有月亮，又有什么关系呢？

人和人之间，最重要的，还是彼此心灵的呼应。有些人，执手相望，却同床异梦；有些人，相隔万里，却水乳交融。

千里共婵娟，是智慧。一万年太久，只争朝夕。我们都知道，正是这时时刻刻才组成了日日夜夜，日日夜夜才有了长长久久。和爱的人，每时每刻相伴在一起，才是最美好的状态。然而，就像我们上面说的，人生总是充满无奈。当一切努力都不能让我们称心如意的时候，臣服于命运，遥远的共生，彼此守望，共赏明月，或许是最好的选择。

有一个母亲，在20世纪70年代末未婚生育，孩子的父亲如小说里描述的失踪了。当时的社会环境和她的经济条件，都没有办法把孩子留在身边。冒着天下之大不韪把孩子生下来，已是这个女人作为一个母亲能够做的全部。于是，小男孩被送给了一对不能生育的夫妻，条件是这个女人及家中亲戚永远不能来与孩子见面。很多年过去了，当时的小男孩已经长大成人，娶妻生子，生活幸福。而这个可怜的母亲也有了自己的生活，有了丈夫和小孩。

我曾经问过她，想不想儿子，想不想去看他，要不要去认他。她饱经生活沧桑的脸上泛起了无奈却又恬静的笑容："我知道他现在过得很好，他的养父母对他也很好，我不想去打搅他们的生活。而且我当时答应了永远不见他，我就要信守承诺，这样也才能对得起辛苦养育他长大的养父母。"我问她："那你想起儿子难受吗？心痛吗？"她说："那是我身上掉下来的肉，当然心痛。但是当时的情况就是那样，这是最好的选择。我虽然觉得对不起他，但是如果再一次选择，也只能如此。我一辈子都在为他祈祷，希望他过得好。现在他长大成人，娶妻生子，养父母对他也非常好，我觉得我已经很满足了。人生不可能什么事都按照自己心里想的来，这样已经很好了。我以后的人生，继续在佛前为他祷告就好了，为他祷告，也为他的养父养母祷告。"

人生智慧，大抵如此。

有的人永远在和命运较劲。得不到的天天想，得到的不珍惜。得到了白玫瑰，红玫瑰成了胸口的朱砂痣，天天想，日日思；得到了红玫瑰，白玫瑰又成了床前明月光，圣洁到一生仰望。孩子不回家想孩子，孩子回家了因为各种琐事碎碎念。去了婆家不开心，想着娘家没去成闹矛盾；去了娘家也不开心，因为忽略了婆家，心里各种别扭没有底……

有的人却知道，顺势而为，做对的事情，不勉强，不求全责备，安住在命运的河流里，看潮起潮落，赏阴晴圆缺。

该说的，苏轼都说完了：人有悲欢离合，月有阴晴圆缺，此事古难全。但愿人长久，千里共婵娟。

在命运的长河里，
做一个随遇而安的瘦子

————

这个世界并不是你努力就一定可以得到，并不是你够优秀就一定有人爱你，并不是你足够好就一定能获得认可。只有认识到这一点，你才能追求但不偏执，努力但懂得平衡，得到了知道感恩，没有得到也不会怨恨。

瘦下来，世界也不是你的。

看过这样一篇文章《瘦下来，世界就是你的》，我很喜欢这个题目，它带着扑面而来的霸气和不由分说的自信。

但作为一个胖过，也瘦过，年少过，也成熟过，现在游离于不胖不瘦之中，行走在纯真和老练之间的女人，我有必要提醒一下。提醒那些摩拳擦掌，准备瘦成一道闪电而后收复失地的姑娘，提醒那些跃跃欲试，准备脱胎换骨而后征服世界的人。瘦，是必要条件，不是充分条件。你不瘦，世界一定不是你的，但你瘦了，世界也未必就是你的。

我一个朋友的姐姐，生孩子之前，窈窕动人，小腰不盈一握，小脸顾盼生姿。生了孩子以后暴肥，孩子都一周岁了，出门坐公交车，还有人给她让座。从菜市场回来，还有大妈跟着她大喊："这都几个月了，还拎这么多东西，可得小心点。"

故事不能免俗地上演了常规桥段，老公出轨，刚开始是隔三岔五不着家，到后来干脆从家里搬了出去。一番鸡毛狗血之后离了婚。

你们以为下面就是精彩的励志故事了吧。对不起真没有。她开始日日啼哭，夜夜失眠，不思茶饭，抽烟酗酒。

她很快瘦了，瘦到都能清楚地看到膝盖骨的结构。你可能会说这种瘦不健康，不美。其实真没有你想得那么糟糕。三十岁的女人，美人坯子，风华正茂，虽然伤心难过，一脸愁容，但那种落寞之美，我见犹怜，何况男人？

于是，身边追求者众。有之前就心存幻想，碍于她已经结婚只能作罢的旧相识，也有被她的美丽打动的新朋友，甚至还有比她小好几岁的小伙子。

她一概听不到，看不见。我们都知道她心里想着谁。隔三岔五地用孩子做借口，喊男人回家见面。也许是折腾够了，也许是孽缘未尽，男人竟然同意复婚了。可是复婚没多久，男人接着出轨，她接着闹。于是，人真的是越来越瘦，日子也是越来越糟。

也许你会说，这种不算，这种是不健康的瘦，不是靠着自己的意志和努力瘦下来的，也没有瘦出马甲线，瘦出米歇尔手臂。

好，我再给你讲一个励志瘦身以后痛失所爱的故事。

一个女孩，宿命般的，总是在她最瘦的时候被分手。她不属于天生瘦人。变瘦对她而言，意味着严格地控制饮食和坚持不懈地体育锻炼。大四那一年，课程少，她参加了学校健美操队，体重有史以来首次降到了 100 斤以下，配合着她 165 厘米的身高，一头飘逸的长发，先不说身材比例了，就这几个条件，衣服穿合适了，站在那里，就是美人。偏偏她凸凹有致，在胖的时候那叫丰满，到了瘦下来，就是极致的性感。我们那所学校女生本来就少，她迅速征服了上到研究生院，下到大一新生的男孩子。她说要减肥，就有一群男生拿着羽毛球拍子在女生宿舍楼下等。

　　你觉得她拥有了这个世界吗？只有我们知道她的哀伤。她一直想留在我们上学的城市，因为那是她的家乡，但为了陪男朋友回老家，她放弃了家人为她安排的一切，签下了一座遥远的南方二线城市的 offer。但最后，男朋友还是劈腿了。

　　我记得特别清楚，那天她穿着一件粉色的羊毛衫和紧身的牛仔裤，宽松的衣服下包裹着她玲珑的线条。她像一头受惊的小鹿一样跑到我宿舍，哭着问我，为什么，为什么在她最漂亮的时候，在她最瘦的时候，她的男朋友会离开她。

　　当时，我真是回答不了。

　　后来工作了，几年后我见到她，更瘦更美了。我问她："你好吗？"她笑着说："你信不信命？每次我最瘦最美的时候，男人都会离开我。"这个冬天，她喜欢的男人对她说分手。

　　其实，我一直想告诉她，并不是男人总在你瘦的时候说分手，而是，无论你胖瘦美丑，你的男人都会和你说分手。

　　这是一个在感情中极度缺乏自我的女孩，不管和谁恋爱，都在一瞬间将自己点燃，全情投入，直至忘我。刚开始，男孩们的确会被她的美丽和热情吸引，但接触一段时间以后，就会觉得和她在一起，特别累，压力很大。

真相就是如此，只是因为她总是在瘦的时候谈恋爱，所以她以为自己总是在瘦的时候会失恋。

讲这样的故事，不是不鼓励你们瘦。瘦是必需的，不瘦就不能美，不瘦就没有自信，不瘦你都无法看清楚这个世界，更何谈世界是不是你的。但是，我们必须清楚地知道，这个世界并不是你努力就一定可以得到，并不是你够优秀就一定有人爱你，并不是你足够好就一定能获得认可。

只有认识到这一点，你才能追求但不偏执，努力但懂得平衡，得到了知道感恩，没有得到也不会怨恨。

我有一个姐姐，是广州一家军区医院的整形外科主任，做了无数整形手术。她知道我做情感咨询以后对我说："小莉，我觉得我可以把我的一些病人移交给你。她们很多来找我做手术，目的就是为了变漂亮以后挽回老公。这种手术我统统不做。如果她们变美以后，发现没有达到她们的目的，她们的生活并没有因此得到改变，一定会怨我，也会对生活心生恨意。"

是啊，感情是多么复杂的事情，婚姻是多么复杂的事情，哪能通过外貌变美就一定可以扭转乾坤呢？

更何况，世界多么大，岂是一个瘦字可以得到！

是的，瘦下来，世界也不是你的。世界那么大，我们很渺小。生活几番无常，除了自己，其他的我们根本无从把握。我们控制不了哪一天起风，哪一天落雨，我们甚至抵抗不了天灾人祸。

但我们可以控制我们的体重，控制我们的言行，控制我们的情绪，规划我们的生活，规划我们的工作，规划我们的财务。

对于那些我们不能控制的，选择接受。接受我们爱的人不爱我们，接受生老病死，接受悲欢离合。

让我们臣服于命运的安排，在命运的长河里，做一个随遇而安的瘦子。

有一些人天生
是为了拼搏而生

最近看了几部青春片，满屏幕的荷尔蒙乱飞，撞得人眼冒金星。

青春，就是要跑、要跳、要叫！

要骑着单车带着你穿过开满野花的小径，让夏日黄昏的风裹挟着青草和牛粪的气息，将你的长发轻轻吹起。

要在写字台前抬头凝望，看着窗外盛开的玉兰发呆，直到有人用石子敲打玻璃，穿上水晶鞋的你一跃而起，飞快地奔向那个比你还要娇羞的少年。

要在起风的晚上，穿着毛衫和他相拥着倾听松林的呜咽低语，当月亮被乌云遮住，恐惧暗生的时候，他会牵你的手，带着你走出树林，一路用歌声驱散黑暗。

这是大多数女孩青春的桥段：有温柔，有拥抱，有草编的指环，有泪写的誓言。可是，也有一些女孩，她们的青春除了恋爱，还有点别的。

青青校园里，当别的女孩每天为男朋友今天有没有打电话来，发短信的语气是不是恳切，讲完电话谁先挂这样的事情辗转反侧的时候，她在研究《资本论》《国富论》。18 岁的时候，她通过参加一个政府扶持的创业项目，开了一间属于自己的小酒吧。经营一段时间后，以 30 万元卖出，赚得了去英国留学的学费。从此以后，她的青春就与创业、奋斗纠缠在一起，缠绵悱恻，跌宕起伏，于浩渺商海中，开出了另一色娇艳夺目的花。

她是我的朋友 M,18 岁的她带着初次创业赚到的 30 万来到英国，浪漫的伦敦塔桥没有让她匆匆的脚步停驻，年纪轻轻的她开始做跨境贸易。M 整合了在化妆品公司实习期间所掌握的贸易、物流资源，又结合对国内市场的了解，生意很快步入正轨。

欧洲的生活悠闲而富足，对每一个年轻的女孩都有着不可抵挡的诱惑力。赚到钱以后，M 申请了英国移民，并很快取得了英国 T1 企业家移民的资格。或许故事本来有另一种结局，年轻聪明的英国留学生，通过移民计划留在了英国，继续做她的跨国贸易。日子不紧不慢，业务稳定上升。然后于某个酒会上结识温柔多金的高富帅，从此过上殷实、稳定的英国中产阶级生活。

这样的结局其实也不错，但有一些人天生是为了拼搏而生。他们的人生就是要撕开平静如水的日子，透出下面暗藏的波涛汹涌，他们的生命就是要打开能量的阀门，释放出已知和未知的无穷当量。

2012 年，22 岁的 M 回国探亲，看到了中国和英国巨大的市场差距。

同时，中国创业大潮也冲击着 M 原本就悸动不已的心脏。于是，她放弃移民，回国创业，就成了水到渠成的选择。

很快，M 拿到了 100 万美金的天使投资，她的事业从传统的跨境贸易，走向了移动互联网时代的电商。除了原有的销售渠道以外，移动端的产品也上了线。

这个时候，她 25 岁。从 18 岁到 25 岁，她的整个青春，离情爱较远，离商场很近！

这个把整个青春献给商海浮沉的女孩，她难看吗？

当然不。她皮肤白皙，杏眼如花，身段玲珑，笑靥迷人。

她像汉子吗？当然不。她背着私人定制的限量款包包，戴设计别致没有 logo 的项链，穿旗袍，抹复古的香膏，颇有江南女子的神韵与风姿。

她神经大条，对爱无感吗？当然不。她的内心文艺得一塌糊涂，她的文字美得叫人炫目，穿一条裙子都能写下这样的句子："倏尔，想起年少的时候，踯躅地在镜前试着衣裙，瞳光里漫溢着十七岁的光辉，踉踉跄跄穿上觊觎已久的高跟鞋，抹了不均匀的红唇去见想见的人。那个藏在裙角暗袋里的人，被时间悄悄地缝成一个死口。"写成这样，让我这个用逻辑思维写爱情的工科女生自愧不如。

那她怎么不去恋爱，怎么不在男人的怀抱里释放妩媚，非要跑到残酷的商场里摸爬滚打？

有一种女人，在爱中寻找自我。她们需要通过男人的吻，来感受自己的唇；她们需要男人的爱慕与关怀，来感知自己的存在；她们是一株花，男人是水，她们需要水的浇灌与滋养，让自己发光发亮。

还有另一种女人，她们在自我中遇见爱。她们挖掘自己的潜能与天赋，她们把汗水、时间、精力、热情，用在实现自我价值的道路上，一路走来，退下一地柔弱、恐惧、怀疑，成就一身坚强、成熟、智慧。她们最终会长成一棵树，一半扎根泥土，这是她们的知识、能力、性格、品德；一半展望天空，那是她们的梦想、希望和快乐。那么男人呢，她们不要男人了吗？

别急，男人来了！

当你足够好，当你足够美，当你足够强大，当你足够独立，当你可以一个人成就自己所需要的一切，当你可以把自己的日子过得充实而快乐的时候，你会有爱情之光，射向天空。那是魅力之光，那是于自我完整自足以后，自然发射出来的光，是一种巨大的吸引力；而不是于空虚、无聊、无助、无爱的状态下释放的求救信号。

你的爱人迎光而来，他必然也是足够好、足够美、足够强大、足够独立，才能不被你耀眼的光芒晃了眼睛；他还会足够包容、足够成熟，才有能力欣赏你卓尔不群的美好。

不要被女强人外强中干，在外面叱咤风云，回到家独自黯然的故事吓到了。真正优秀独立的女性，是有男人来爱的，也是有能力去爱的。那些因爱受伤而拒绝真心从而修炼成刀枪不入的女人，从开始到最后都没有在生命里真正地独立强大起来。视男人如粪土只是她们虚弱内心的另一种表达。

这不是我胡诌的，看看好友 M 脸上的笑，就知道，那个人就在转角的巷子口等着她。

我笑着问她："你这样天天忙事业，要是结婚了，能照顾家里吗？"

她特别真诚地说："当然会啊。我现在这么努力地工作，就是为了把公司架构搭好，尽快走上轨道，让我在结婚以后有更多的时间照顾家庭。人的生活要有一个平衡，把精力全放在事业上，忽视家庭，也会使生活失衡，内心失去安全感和幸福感，从而影响工作。"

好吧，胸怀博大的女孩，什么都想要。

回到主题，青春除了恋爱，还能干什么？还能干事业，还能发展兴趣爱好，最核心的，是成就自我。但其实，你看，你美美的，棒棒的，最后爱情也有了。啥也没耽误！

最后说一句，敲下这些字的时候，我刚刚得到了她和未婚夫即将完婚的好消息。

图书在版编目（CIP）数据

愿你永远拥有爱的能力 / 小莉著 .
-- 北京：北京联合出版公司，2016.7
ISBN 978-7-5502-8236-0

Ⅰ . ①愿… Ⅱ . ①小… Ⅲ . ①人生哲学—通俗读物
Ⅳ . ① B821-49

中国版本图书馆 CIP 数据核字 (2016) 第 167836 号

愿你永远拥有爱的能力

项目策划　紫图图书 ZITO®
监　　制　黄利　万夏
丛书主编　郎世溟
作　者　小莉
责任编辑　张萌
特约编辑　李媛媛　徐玲玲　徐昕
内文插画　詹尼
装帧设计　紫图图书 ZITO®

北京联合出版公司出版
（北京市西城区德外大街83号楼9层　100088）
北京嘉业印刷厂印刷　新华书店经销
100千字　880毫米×1270毫米　1/32　7.75印张
2016年7月第1版　2016年7月第1次印刷
ISBN 978-7-5502-8236-0
定价：39.90元